煤矿安全知识术语
速记巧记手册

杨 真 张世明 主编

应急管理出版社

·北 京·

图书在版编目（CIP）数据

煤矿安全知识术语速记巧记手册/杨真,张世明主编 . – – 北京：
应急管理出版社，2021

ISBN 978 – 7 – 5020 – 8869 – 9

Ⅰ.①煤… Ⅱ.①杨… ②张… Ⅲ.①煤矿—矿山安全—名词
术语—手册 Ⅳ.①TD7 – 62

中国版本图书馆 CIP 数据核字（2021）第 167089 号

煤矿安全知识术语速记巧记手册

主　　编	杨　真　张世明
责任编辑	成联君
责任校对	李新荣
封面设计	雨　辰

出版发行　应急管理出版社（北京市朝阳区芍药居 35 号　100029）
电　　话　010 – 84657898（总编室）　010 – 84657880（读者服务部）
网　　址　www. cciph. com. cn
印　　刷　北京虎彩文化传播有限公司
经　　销　全国新华书店
开　　本　710mm×1000mm$^1/_{16}$　印张　12$^3/_8$　字数　218 千字
版　　次　2021 年 9 月第 1 版　2021 年 9 月第 1 次印刷
社内编号　20200762　　　　　　　定价　50.00 元

编 委 会

前　言

本书以"提供煤矿员工最需要的安全基础知识"为出发点，用深入浅出的编写手法，精心搜集了多年从事煤矿行业方面的专家与学者总结出的煤矿安全知识点（主要是以可量化的具体内容，并非所有安全知识点）。在认真分析、总结的基础上，采用数字归纳法的思想把煤矿安全知识及煤矿常用术语采用数字的形式重新排序整理，并对知识点作了具体阐释，以期解决企业员工"东西太多记不住"和"只知其然不知其所以然"的问题，旨在方便员工学习和记忆，使员工能知理作业和知情作业，最终实现安全、绿色、集约、高效生产的目的。

本书分为煤矿安全知识术语、煤矿安全知识顺口溜、安全管理三字经三个部分，内容涵盖综采、掘进、机械、电气、通风、支护、瓦斯防治、运输、安全系统工程、危险源辨识、危险源预控等方面的安全知识。本书是对长期从事煤炭行业现场工作的经验总结，也是对专业教科书的补充，可作为煤炭行业从业人员学习安全知识的有益补充。

本书由杨真和张世明担任主编。第一部分由杨真和张世明整理编写，第二部分由周连春、王连生整理编写，第三部分由贾连鑫、姚海、郭文彬等整理编写。本书的框架和目录拟定、编写风格设计、全书内容统稿等工作主要由杨真、张世明、王文才完成。

本书是在归纳前人成果与经验的基础上，结合个人体会编写而成的。在搜集资料和编撰的过程中参考了诸多学者的文献，同时也得到了有关领导和同事的大力支持和帮助，在此一并表示衷心的感谢！

作为从事煤矿安全工作的管理者，整理、搜集、编写煤矿安全知识术语速记技巧既是一种本职工作的需要，也是自我提升知识水平的一种手段，更是一种为煤矿安全知识的普及出一份力的责任。由于时间和经验有限，收集资料也会有挂一漏万遗珠之憾，书中难免存在不足之处，恳请有关专家和广大读者给予批评指正。

编　者

2021 年 6 月

目　　　次

第一部分　煤矿安全知识术语

第一章　数字"一"的术语

1. 一净

综采工作面割煤过程中要求支架前浮煤要清理干净，不得遗留采空区，以防采空区浮煤自燃，称之为"一净"；简言之，"一净"指的就是清浮煤。

2. 一严禁

大巷行走行人应做到的"一严禁"是指严禁在双道和四股道心行走和停留。

3. 一通三防

"一通三防"是煤矿安全生产中的矿井通风、防治煤尘、防灭火、防治瓦斯的技术管理工作的简称。其中"一通"是指矿山必须要有完善的通风系统；"三防"是指防治煤尘、防灭火、防治瓦斯。

4. 一炮三检

"一炮三检"指的是在有瓦斯存在的矿井中从事爆破作业时，瓦检员必须在装药前、爆破前、爆破后三个环节认真检查爆破地点附近 20 m 范围内的瓦斯浓度，当瓦斯浓度超过 1% 时，严禁装药爆破。

5. 一坡三挡

"一坡三挡"指的是为保证煤矿轨道运输安全，防止发生跑车事故而使用的预防和防止手段。其手段包括安设防跑车装置、跑车防护装置和矿车制动器。①上部车场接近变坡点处安设自动复位式（或联动式）阻车器；②变坡点下约一列车的长度处安装第一道跑车防护装置（《煤矿安全规程》中称为挡车栏）；③在斜巷内根据巷道运输实际工况（巷道坡度、串车质量等）逐级安装跑车防护装置。往深里讲，"一坡三挡"还应该是指一种关于保证轨道运输安全的一种管理方法（图1-1）。

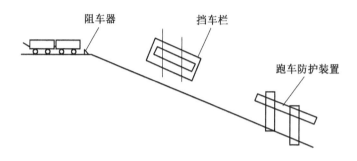

图1-1　"一坡三挡"设置示意图

6. 一次成巷

巷道掘进过程中，在一定距离内掘进、永久支护、水沟掘砌及永久轨道的铺设、安设永久管线等作业相互配合、前后衔接、最大限度地同时施工，一次性完成巷道施工的方法，称之为"一次成巷"。

7. 一岗多能

"一岗多能"就是指对于单一工种来说，在保质保量完成本职工作外，还要学习多门其他技能来满足矿山安全生产的要求。"一岗多能"是对现代矿工提出的新要求、新标准。

8. 一左一右

工作人员站在工作面的进风巷向回风巷看，工作面向左侧开采的方向为左工作面，工作面向右侧开采的方向为右工作面。

9. 单质炸药

由单纯一种物质组成的"单质炸药"。它的敏感度比起爆药低，爆炸威力大，爆炸性能好。单质炸药的分子中，一般都含有某些特殊基团，如硝基（—NO_2）、硝酸酯基（—ONO_2）等。这些基团都具有氧化性，在高温下可以提供氧。同时，分子中的其他元素，如 H、C 则可以发生氧化反应生成 H_2O、CO 等并释放大量能量，从而发生爆炸。单质炸药主要有梯恩梯、太安、黑索今、奥克托今等炸药。

10. 单排孔爆破

梯段爆破中，在自由面附近只钻凿一排炮孔的爆破称为"单排孔爆破"。其对应的是多排孔爆破。

11. 第一类炸药

准许在一切地下和露天爆破工程中使用的炸药，包括有瓦斯和矿尘爆炸危险的矿山，称为"第一类炸药"，又称安全炸药或煤矿许用炸药。

12. 一矿一井一面

一个煤矿可能有多个井口，但只准一个井口出煤，其他井口可用作送风、运料、排矸、行人等。准确点说，一个矿井可以有一个生产工作面一个备用工作面，有时候为了完成矿山生产计划，还可以有多个生产工作面。目前，随着综采综放采煤技术的快速发展，"一矿一井一面"高产能特大型矿井的基本建设是煤矿未来发展的方向。我国已有一定数量的一矿一面或一矿两面保证矿井产量的大型矿井和特大型矿井，年产量最大已达到 10 Mt。

13. 一维、二维、三维

我们将一条线称为"一维"，就像我们的数字一样，有正、有负，形成一维空间。"二维"就是两条垂直的线，这样可以形成一个平面（二维空间），平面上的点可以使用（X，Y）这样的方式来表示。"三维"就是三条相互垂直的线，这样就可以表示三维空间了，空间中的点，可以使用（X，Y，Z）来表示。

在煤矿上使用的 CAD 图大多都是二维平面图，随着科学技术的发展，3DMine、Surpac、GOCAD 等三维绘图软件在矿山得到了广泛的应用，图形由二维向三维发展，更形象更逼真。

14. 一听、二看、三通过

在轨道运输上下山行走、过轨道时的注意事项，第一要听矿车的声音来源，第二要看矿车的运行方向，第三要在判断前两者准确无误的情况下方可通过，称之为"一听、二看、三通过"。行人横过铁路应当走安全道或安全桥。确因工作需要穿越铁路时，必须做到"一听、二看、三通过"。严禁爬车、钻车或从两车之间通过。

15. 一采两掘、一采三掘

在煤矿生产中，矿井只有一个采煤工作面进行采煤工作，两个掘进工作面进行巷道的掘进工作，称之为"一采两掘"；与此类似，矿井只有一个采煤工作面进行采煤工作，三个掘进工作面进行巷道的掘进工作，称之为"一采三掘"。

16. 一槽一管、一管三线

井下开槽，水管的话是"一槽一管"，电管的话是"一管三线"（国家标准）。"一管三线"指的是在电线或电缆的套管内部不仅要有火线、零线，还要有起保护作用的接地线。

17. 一梁二柱、一梁三柱

直接顶为中等稳定或比较破碎时采用棚子支护方式。一般棚子多由"一梁二柱"组成。为了保证直接顶不发生局部冒落，在破碎顶板条件下，棚子的梁与梁之间还应采取加木背板、竹笆或荆笆等护顶的有效措施。在顶板压力比较大的情况下还可以采用"一梁三柱"的支护方式。"一梁二柱"与"一梁三柱"是单体液压支柱配合铰接顶梁支护顶板常用的两种顶板支护方式。

18. 一般煤样、一般分析煤样

"一般煤样"指的是为制备一般分析煤样而专门采取的煤样。"一般分析煤样"指的是将煤样按规定缩制到粒度小于 0.2 mm，并与周围空气湿度达到平衡，用于大多数物理和化学特性测定的煤样。

19. 一日一循环、一日多循环

在采煤工作面采煤或巷道掘进的过程中，循环方式可根据具体条件选用单循环作业（每班一个循环）或多循环作业（每班完成两个或两个以上的循环）。对于综采工作面来说，采煤机往复割煤一次为一个循环；巷道掘进过程中，对于断面大、地质条件较差的巷道，可以实行一日一个循环的作业方式，以便满足矿山安全生产的要求。

20. 巷道全断面一次爆破

巷道全断面一次爆破一般使用秒延期电雷管或毫秒延期电雷管，而毫秒雷管的效果最好。在有瓦斯或煤尘爆炸危险的工作面，应采用毫秒爆破，使用煤矿许用毫秒延期电雷管时，最后一段的延期时间不得超过 130 ms。实现全断面一次起爆时，根据工作面岩性和对爆破的要求，除了合理地布置炮眼之外，还要注意安排起爆顺序。

21. 硐室加预裂一次成形爆破技术

硐室加预裂一次成形爆破技术，是在路堑主体石方爆破部位采用集中或条形药包硐室爆破，路堑边坡采用预裂爆破；在硐室药包作用比较薄弱的部位根据具体情况可适当布置深孔药包，以改善破碎质量。

22. 一次性采全高，全部垮落法管理顶板

在煤矿开采的过程中，可对薄煤层及中厚煤层（一般为 1.3 ~ 3.5 m）进行全高回采，通过自然垮落的方式使采空区上方的岩层发生垮落，充填采空区。如果顶板不垮落的话，需强行放顶，采用打眼爆破或注高压水的方法使其顶板垮落下来，以防止冲击地压的产生。综上所述，称之为"一次性采全高，全部垮落法管理顶板"。

23. 采、制样的一般原则

煤炭采样和制样的目的，是为了获得一个其试验结果能代表整批被采样煤的试验煤样。

采样和制样的基本过程：首先从分布于整批煤的许多点收集相当数量的煤样，即初级子样，然后将各初级子样直接合并或缩分后合并成一个总样，最后将此次总样经过一系列制样程序制成所要求数目和类型的试验煤样。

24. 一般分析试验煤样水分

在规定条件下测定的一般分析试验煤样水分。

25. 一般分析试验煤样制备程序

一般分析试验煤样应满足一般物理、化学特性参数测定有关的国家标准要求，一般分析试验煤样的制备程序如图1-2所示。

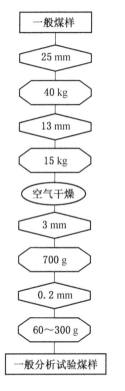

图1-2　一般分析试验煤样
的制备程序

一般分析试验煤样制备通常分2~3阶段进行，每阶段由干燥、破碎、混合和缩分构成。必要时可根据具体情况增加或减少缩分阶段。每阶段的煤样粒度和缩分后煤样质量应符合规定要求。

为了减少制样误差，在条件允许时，应尽量减少缩分阶段。制备好的一般分析试验煤样应装入煤样瓶中，装入煤样的量应不超过煤样瓶容积的3/4，以便使用时混合。

26. 跳汰机的操作要领"一熟、二勤、三稳"

"一熟"：熟知入选原煤性质，掌握其密度组成和粒度组成。

"二勤"：在实际操作中要养成勤观察、勤调整的工作方法。即，勤观察入选原料煤的变化，进而调节风水；勤观察斗子，看精煤损失，看提升量，以调整风水制度；勤探床层，看松散，查速度，调整排放速度；勤捞第二段溢流物，查精煤粒度组成，看精、中、矸污染状况，判断产品质量，调整风水及给排料。

"三稳"：力求处理好给与排、风与水配合。第一段和第二段的协调关系要稳，有利于分选床层稳定，进而保证产品质量的均衡稳定。

27. 煤矿火灾防治研究内容的"一目标、三问题"

"一目标"就是防止矿井火灾的发生，对于已经发生的火灾要防止其扩大并最大限度地减小火灾中的人员伤亡和经济损失。"三问题"：①火灾是如何发生的？其内容主要是研究矿井火灾的类型及其产生的原因、条件以及各类火灾发生过程和特点，这是防灭火的理论基础。②如何防止火灾发生？包括火源预测、火灾预防和预报技术。③火灾发生后如何进行及时有效地控制和处理？

28. 一线岗位、二线岗位、三线岗位

矿山企业中的"一线岗位"是指主要生产岗位，如采煤队、掘进队等；"二线岗位"是指配合生产活动的辅助岗位，如通风队、检修队、安监科等；"三线岗位"是指不直接参加生产活动的各级管理岗位。

29. 一站队、二报数、三挂牌、四不走

对工作面支护用品管理实行"一站队、二报数、三挂牌、四不走"的管理制度，即，撤回的支柱和顶梁要站立存放；对支柱、顶梁进行统一编号；生产部门的坑代组、供应部的坑代组和区队实行挂牌管理；没有接班的不走，不查清不走，不交清不走，发生丢失没有找到不经领导批准不走。

30."一风吹"

"一风吹"是对排放瓦斯的一种形象说法，是指在排放瓦斯时，不考虑瓦斯回风流中瓦斯浓度，一次性集中地排放所有集聚的瓦斯，容易造成回风流中瓦斯超限而发生瓦斯事故。

31. 一线工作法

一是情况在一线掌握，就是通过深入基层、深入群众，全面了解真实情况，准确掌握做决策、定思路、抓落实的第一手资料。

二是决策在一线形成，就是要在上联中央和省委重大决策这根"天线"的同时，下接本地本部门本单位工作实际和群众所需所盼这一"地气"，使决策更加科学、可行、有效。

三是问题在一线解决，就是要把事关群众切身利益的热点难点问题，以及影响转型跨越发展的突出问题，发现在基层，解决在一线，把各种矛盾化解在萌芽状态。

四是作风在一线转变，就是要通过走出机关，深入基层，与群众打成一片，力戒官僚主义、本本主义和形式主义等不良习气。

五是感情在一线培养，就是要通过与群众零距离的接触，培养亲民爱民的鱼水情怀，融洽干部群众的感情，密切党群干群关系。

六是能力在一线锤炼，就是要通过拜群众为师，在实践中磨炼，不断提高驾驭复杂局面、处理复杂矛盾、破解工作难题的本领。

七是政绩在一线检验，就是做工作、办事情的绩效究竟如何，要让实践来检验，让群众得实惠，由人民来评判。

八是形象在一线树立，就是要通过深入一线，深入现场，谋实招，办实事，求实效，为群众做好事、解难事，赢得人民群众的赞誉，树立新时期领导干部的良好形象。

32. 110 工法

110 工法是指 1 个工作面、1 条巷道、0 个煤柱。中国科学院院士、中国矿业大学（北京）教授何满潮创新提出了 110 工法，把采煤与掘进统一起来，做到回采一个工作面只需掘进一条回采巷道，将传统的一面双巷变成一面单巷，取消了区段煤柱，实现了无煤柱开采。

第二章　数字"二"的术语

1. 两证一照

采矿许可证、安全生产许可证、营业执照。

2. 两齐

井下为了防止各种电缆引起的电气事故、防止硐室内的电气设备发生故障，要求电缆必须悬挂整齐，设备硐室必须清洁整齐称之为"两齐"。

3. 两不得

《煤矿安全规程》规定，井下不得带电检修设备、电缆和电线；不得带电搬迁电气设备、电缆和电线称之为"两不得"。检修或搬迁前，必须切断电源，检查瓦斯，在其巷道风流中瓦斯浓度低于 1.0%，再用与电源电压相适应的验电笔检验，检验无电后，方可进行导体放电。

4. 两闭锁

《煤矿安全规程》规定，瓦斯喷出区域、高瓦斯矿井、煤与瓦斯突出矿井中，掘进工作面的局部通风机及其掘进工作面的电气设备，必须装有风电闭锁装置和甲烷电闭锁装置，以保证局部通风机停止运转和掘进巷道瓦斯超限时，能够立即切断巷道中的电气设备的电源，防止爆炸事故的发生。

5. 二分器

由一列平行而交替的宽度相等的斜槽所组成的用于缩分煤样的工具，称之为"二分器"。

6. 二分器法

二分器是一种简单而有效的缩分器。它由两组相对交叉排列的格槽及接收器组成。两侧格槽数相等，每侧至少 8 个。格槽开口尺寸至少为试样标称最大粒度的 3 倍，但不能小于 5 mm。格槽对水平面的倾斜度至少为 60°。为防止煤粉和水分损失，接收器与二分器主体应配合严密，最好是封闭式。使用二分器缩分煤样，缩分前可不混合。缩分时，应使试样呈柱状沿二分器长度来回摆动供入格槽。供料要均匀并控制供料速度，勿使试样集中于某一端，勿发生格槽阻塞。当缩分需分几步或几次通过二分器时，各步或各次通过后，应交替地从两侧接收器中收取留样。

7. 双分采样

按一定的间隔采取子样，并将它们交替放入两个不同的容器中构成两个质量接近的煤样。

8. 二次支护

通常把在巷道围岩地压得到释放、初始支护与围岩组成的支护系统基本稳定之后进行的最终支护称为"二次支护"。

9. 二次破碎

回采落煤后所产生的不合格大块，在搬运过程中需要进行破碎处理，以保证后续工艺的顺利进行，称为"二次破碎"。

10. 二次爆破

用爆破法破碎大块和清除根底的工序。大块和根底是一次爆破效果不良的产物，具有多自由面和残存裂隙的特点。因此，应注意合理装药，以杜绝飞石的危害。消除根底常用浅眼爆破。根据药包形状和装药方式的不同，二次爆破方法主要分为两大类：

（1）炮孔法：钻凿炮孔进行爆破的方法。钻孔要求：单孔孔底应穿过或达到大块质心；多孔爆破时，孔底距与孔底处的最小抵抗线应相等或相近。装药要求：单耗控制在 70 ~ 150 g/m³ 之间；一般大块，把药包装到孔底，孔口填塞；柱形大块，应分段装药，将计算药量按段均分，间隔及孔中应填塞；同一岩块有多个钻孔时，应按总体积计算药量，再按孔数均分，孔口填塞。起爆技术要求：单孔多药包或同一岩块有多个钻孔时，一般所有药包应同时起爆。

（2）裸露药包法：不需钻孔，直接将炸药包贴放在被爆物体表面进行二次爆破的方法，是一种最简便的二次爆破作业方法，在破碎大块孤石方面具有独特作用，是常用的有效方法。

二次爆破的爆破噪声与装药量的经验公式：

$$p = 6 \times 10^{-3} Q^{0.52} \tag{2-1}$$

式中　p——测点声压，N/m^2；

　　　Q——二次爆破的总装药量，kg。

11. 二次应力

地下岩体在受到开挖以前，原岩应力处于平衡状态。开掘巷道或进行回采工作时，破坏了原始的应力平衡状态，引起岩体内部的应力重新分布，直至形成新的平衡状态。这种由于矿山开采活动的影响，在巷硐周围岩体中形成的和作用在巷硐支护物上的力定义为二次应力，也称为矿山压力或工程扰动力。

12. 两道一线

两道一线，即进风道、回风道和停采线。

13. 双巷掘进

双巷掘进指的是一个综合掘进队同时施工两条相邻巷道，掘进与永久支护在两条巷道交替进行，即一条巷道掘进，一条巷道进行永久支护。

14. 双工作面（对拉工作面）

对拉工作面是两工作面相向运煤的一种布置方式，对拉工作面布置又称"双工作面"布置，如图2-1所示。

对拉工作面的实质是利用三条区段平巷准备出两个采煤工作面。其生产系统为：中间的区段平巷铺设输送机作为区段运输平巷，这时，上、下工作面的煤炭分别向下、上运到中间运输平巷，由此集中运送到采区上山。由于下工作面的煤炭是向上运送，因此下工作面的长度应根据煤层倾角的大小及工作面输送机的能力而定。随着煤层倾角增大，下工作面的长度应比上工作面短一些。

上、下工作面之间一般有错距，通常不超过5 m，用木垛加强支维护，错距不允许过大，否则中间运输平巷维护困难。上部工作面或下部工作面超前均可，当工作面有淋水时，一般采用下部工作面超前的方式。

对拉工作面的明显优点是可以减少区段平巷的掘进量和相应的维护量，提高了采出率。由于上、下两个工作面同采并共用一条运输平巷，可以减少设备，使生产集中，也便于统一管理工作面生产，避免窝工，提高效率，因而取得了良好效果。对拉工作面一般适合在非综采、煤层倾角小于15°、顶板中等稳定以上、瓦斯含量不大等条件下使用。

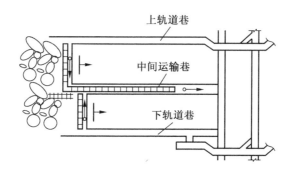

图 2-1　对拉工作面布置示意图

15. 两掘一锚喷

两掘一锚喷是指采用"三八"工作制，两班掘进，一班锚喷。该工作方式在巷道掘进工作中被广泛使用。

16. 褶曲按枢纽产状分为两大类

（1）水平褶曲：轴面近于直立，两翼倾向相反，倾角近于相等。
（2）倾伏褶曲：轴面倾斜，两翼倾向相反，倾角不等。

17. 两证一标

煤矿机电设备入井前，必须按照规定严格检查"产品合格证""防爆合格证""煤矿安全标志"的证件，称之为"两证一标"。若经检查不合格，严禁入井。

18. 两平两畅通

综采工作面在割煤过程中的要求：底板要平、顶板要平，工作面出口与入口要畅通，称之为"两平两畅通"。

19. 双风机、双电源

《煤矿安全规程》规定，煤矿井下供风必须采用"双风机、双电源"供风，且要求 2 套能力相同，其中 1 套作备用，备用风机必须能够在 10 min 之内启动。

20. 抓两头、带中间

工作面上各类炮眼，首先选择掏槽方式和掏槽眼位置，其次是布置好周边眼，最后根据断面大小布置崩落眼。

21. 两个坐标系

1954 年北京坐标系和 1980 年西安坐标系。

（1）"54 坐标系"采用的是克拉索夫斯基椭球体。该椭球在计算和定位的过程中，没有采用中国的数据，该系统在中国范围内不能满足高精度定位以及地球科学、空间科学和战略武器发展的需要。

（2）20 世纪 70 年代，中国大地测量工作者经过 20 多年的努力，终于完成了全国一、二等天文大地网的布测。经过整体平差，采用 1975 年 IUGG 第十六届大会推荐的参考椭球参数，中国建立了 1980 年西安坐标系，"80 西安坐标系"在中国经济建设、国防建设和科学研究中发挥了巨大作用。

22. 第二类炸药

一般可在地下或露天爆破工程中使用，但不能用于有瓦斯或煤尘爆炸危险的地方。

23. 电机车"两警"

在用电机车必须"警灯""警铃"齐全完好。

24. 二向应力状态

二向应力状态指的就是平面应力状态，对于一般单元体：$\sigma_z = 0$，$\tau_{zx} = \tau_{zy} = 0$；同时 σ_x、σ_y、τ_{xy} 都平行于没有应力的平面，我们称这种状态为"二向应力状态"。围岩应力重分布产生应力集中，硐室周边围岩由原来的三向应力状态变为二向应力状态，因为出现了自由面，少了一个方向应力，如图 2 - 2 所示。

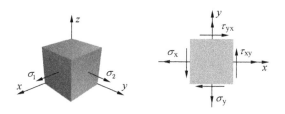

图 2-2　二向应力状态示意图

25. 巷道掘进定向的"双线"

"双线"指的是中线和腰线。

中线：指示了巷道掘进的主方向，一般在巷道的顶部中间悬挂坠物或者画线，现在多用激光指向仪定向。

腰线：一般距轨道或巷底板 1 m，是掘进过程中控制巷道标高和坡度的线，通常腰线用石灰水或漆标于巷帮上，每隔 10 m 设置 1 个腰线点，一般与巷道的底板平面平行。

26. 二次喷射混凝土支护

巷道喷射混凝土可及时封闭围岩，防止掉块，适用于软岩矿井的永久性基本巷道。一次喷射混凝土支护为初喷和安装锚杆，随掘随喷，先喷后锚。锚杆通过托板托住喷层，缩小喷层跨度，并保证锚杆钻机和安装工作的安全。"二次喷射混凝土支护"为复喷，在巷道围岩变形趋向稳定时实施，以保证巷道完好稳定。

27. 马头门的两种形式

双面斜顶式马头门和双面平顶式马头门，如图 2-3 所示。

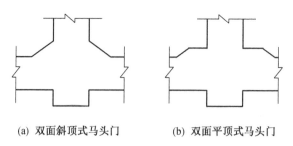

(a) 双面斜顶式马头门　　　　(b) 双面平顶式马头门

图 2-3　马头门的两种形式示意图

28. 地球表面形态的两大类

地物和地貌。

地面上的固定性物体，比如房屋、道路、桥梁等，称为地物。地球表面各种高低起伏的形态，如高山、深谷、陡坡、悬崖和冲沟等，称为地貌。地物和地貌总称为地形。

29. 巷道施工的两种方法

一是一次成巷；二是分次成巷。

（1）一次成巷道是把巷道施工中的掘进、永久支护、水沟掘砌单个分部工程视为一个整体，在一定距离内，按设计及质量标准要求，互相配合，前后连贯地、最大限度地同时施工，一次做成巷道，不留收尾工程。

（2）分次成巷是把巷道的掘进和永久支护两个分部工程分两次完成，先把整条巷道掘进来，暂以临时支架维护，以后再拆除临时支架进行永久支护和水沟掘砌。

30. 掘进队的两种形式

我国常用的有综合掘进队和专业掘进队两种组织形式。

31. 测量工作所必须遵循的两个原则

"先控制后碎部、从整体到局部"和"步步有检核"。

32. 诠释高程的两个基准

新中国成立前我国采用的高程基准面十分混乱，新中国成立后国家在青岛设立了验潮站。根据 1950—1956 年的验潮资料，推算的黄海平均海水面作为我国高程的起算面。据此推求的青岛国家水准原点的高程为 72.289 m。这一系统简称为"1956 年黄海高程系"。20 世纪 80 年代初，国家又根据 1953—1979 年的验潮资料，推算出新的平均海水面。据此推求的青岛国家水准原点的高程为 72.260 m。这一系统称为"1985 年国家高程基准"。该基准于 1985 年执行，因此当使用以前的高程测量成果时，应注意高程基准的统一和换算。

33. 煤炭开发的两种形式

地下开采和露天开采。

地下开采为从地下矿床的矿块里采出矿石的过程，通过矿床开拓、矿块的采准、切割和回采 4 个步骤实现。

从敞露地表的采矿场采出有用矿物的过程，称之为露天开采。

34. 测量学包括的两项内容

测量学是研究地球的形状和大小以及确定地面点位置的科学，主要内容包括测定和测设两部分内容。

（1）测定就是使用测量仪器和工具，将测区内的地物和地貌缩绘成地形图，供规划设计、工程建设和国防建设使用。

（2）测设（也称放样）就是把图上设计好的建筑物和构筑物的位置标定到实地上去，以便于施工。

35. 充填的两种形式

湿式充填和干式充填。

（1）湿式充填主要有尾砂胶结充填、水砂充填、混凝土胶结充填、膏体胶结充填、块石胶结充填、河沙胶结充填和冰充填等。

（2）干式充填主要是把一些废石、建筑建材废料、废渣等块石骨料直接倒进采空区，包括砼体充填、尾矿充填等。

36. 反映地下矿体形态的两图

平面图和剖面图。

（1）平面图：采用水平投射绘制而成的各种地质及工程图件，又称作水平投影图。

（2）剖面图：根据工程和设计的需要，假想把煤层和岩层沿某个方向切开，把切开面所见到的内部结构向侧面投影成图。

37. 影响顶煤冒放性的两个因素

（1）顶煤冒落的形态。

（2）放出特性。放出特性与顶煤冒落的块度分布密切相关。

38. 煤形成的两个阶段

众所周知，煤是由古代植物的遗体演变而来的，研究表明它的形成主要分为两个阶段。

第一阶段：泥炭化阶段。在古代的成煤时期，地球上气候温暖而潮湿，植物生长在旺盛，尤其是湖泊沼泽地带密布着茂密的森林或水生植物。死去的植物遗体堆积在湖泊沼泽底部，随着地壳缓慢下沉逐渐被水覆盖与空气隔绝。在细菌参与的生物化学作用下，植物遗体开始腐烂分解，有的变成气体跑掉，有的变成遗体失散，被保留下来的物质就变成泥炭。

第二阶段：煤化阶段。随着时间的推移，地壳继续缓慢下沉，泥炭不断堆积而形成泥炭层。由于地壳沉降速度加快，泥炭便被其他沉积物所覆盖，随着覆盖层逐渐加厚，泥炭在以升高的温度和压力为主的物理化学作用下，逐渐被压紧，失去水分并放出部分气体，变得致密起来。当生物化学作用减弱之后，泥炭中碳元素含量逐渐增加，氧、氢元素的含量逐渐减少，腐殖酸的含量不断降低直至完全消失，经过一系列的变化，泥炭变为褐煤。褐煤形成之后，如果当地壳停止下降，那么成煤作用就可能停止在褐煤阶段，若地壳继续下降，压力和温度不断增高，地质作用继续进行，褐煤可进一步变成烟煤，甚至是无烟煤。

39. 矿井井巷开拓方式的两种方式（按开采水平数目分）

在一定的井田地质、开采技术条件下，矿井开拓巷道可以有多种布置方式。其中开拓巷道在井田内的总体布置方式，称为井田开拓方式。根据开采水平布置的数目不同分为单水平开拓和多水平开拓。

（1）单水平开拓。井田内只设 1 个开采水平进行开采的开拓方式。

（2）多水平开拓。井田内设 2 个及 2 个以上开采水平进行开采的开拓方式。

40. 井巷掘进施工常用的两种方法

根据施工方法及地层赋存条件的不同，井巷（井筒或巷道）施工分为普通施工法和特殊凿井法。

（1）普通施工法：是在稳定或含水较少的地层中采用钻眼爆破或其他常规的手段施工的方法。

（2）特殊凿井法：是在不稳定或含水量很大的地层中，采用非钻爆法的特殊技术与工艺的凿井方法，通常有冻结法凿井、钻井法凿井、注浆凿井法凿井。

41. 井工煤矿的两大采煤方法

在我国井工煤矿的采矿方法虽然种类很多，但归纳起来主要是有两种，分为壁式和柱式两大体系采煤方法。

（1）壁式采煤法，是指回采工作面长度较长，工作面两端有可供运输、通风和行人的巷道，回采工作面内煤的运输方向与工作面煤壁平行，回采工作面向前推进时，必须不断支护，且采空区要随工作面推进按一定方法及时处理的采煤法。壁式采煤法有多种分类。①按煤层厚薄不同，薄及中厚煤层，通常按煤层全厚一次开采，称整层（单一）开采；厚煤层，一般分为若干中等厚度的分层进行开采，称分层开采。②按工作面推进方向不同，可分为走向长壁采煤法和倾斜长壁采煤法。

（2）柱式采煤法，是指采空区顶板利用回采工作面采场周边或两侧的煤柱支撑，采后不随工作面推进及时处理采空区的采煤方法。其特点是工作面较短；经常多工作面同时生产，生产时多采用串联通风；回采工艺简单；运煤方向多垂直于工作面。该法有房式、房柱式和巷柱式三种。

42. 矿井火灾的两大类

矿井火灾是煤矿主要的灾害之一，根据诱发火灾的原因分成两大类别，分别是外因火灾和内因火灾。

（1）外因火灾，主要是指由于外来热源如明火、爆破、瓦斯煤尘爆炸、机电设备运转不良、机械摩擦、电流短路等原因造成的火灾。

（2）内因火灾，主要是指煤炭在一定的条件下和环境下自身发生物理化学变化（吸氧、氧化、发热）聚集热量导致着火而形成的火灾。自燃火灾大多发生在采空区、遗留煤柱、破裂的煤壁、煤巷的高冒以及浮煤堆积的地点。

43. 煤层中瓦斯赋存的两个状态

瓦斯在煤层与围岩中的存在状态可分为游离状态和吸附状态。

（1）瓦斯以自由气体形式存在于煤体与围岩的裂隙、空隙中的状态称游离状态，又叫自由状态。其特点是瓦斯能自由运动，并呈现压力。自由态瓦斯量的大小取决于自由空间的大小、瓦斯的压力和温度。

（2）由于煤有很大的空隙内表面积，其吸附能力相当大，瓦斯分子被紧密凝集在固体空隙表面的现象称为吸着状态，瓦斯进入到煤的胶粒结构内部时称为吸收状态。我们通常把吸收和吸着状态称为吸附状态，如图2-4所示。

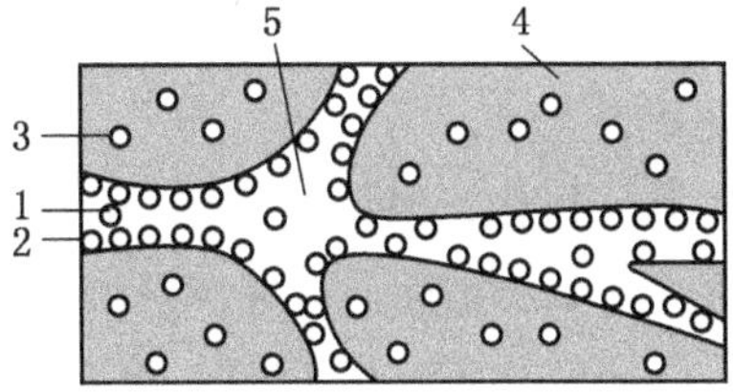

44. 瓦斯涌出的两种形式

根据瓦斯涌出时在时间和空间上的变化可分为普通涌出和特殊涌出。

1—游离瓦斯；2—吸着瓦斯；
3—吸收瓦斯；4—煤体；5—孔隙

图2-4 瓦斯在煤内的存在形态示意图

（1）普通涌出，是指瓦斯由煤、岩中缓慢地、均匀地、持久地涌出的形式叫普通涌出。涌出时，首先是自由态瓦斯，然后是吸附态瓦斯解吸涌出，它是瓦斯涌出的主要形式，占涌出量的绝大部分。当瓦斯压力很高时，可听到涌出时的"嘶嘶"响声，手放在煤壁上可感觉到凉，可见水中冒气泡等。

（2）特殊涌出又称为异常涌出，是指从煤体或岩体裂隙、空洞、钻孔或炮眼中大量涌出瓦斯（二氧化碳）的现象。可分为瓦斯喷出和煤（岩）与瓦斯（二氧化碳）突出。通常特殊涌出会给安全生产带来很大威胁，是煤矿重点防控的灾害之一。

45. 表达瓦斯涌出量的两种方法

以普通涌出形式涌出的瓦斯总量，叫瓦斯涌出量，它的表示方法有绝对瓦斯涌出量和相对瓦斯涌出量。

（1）绝对瓦斯涌出量：单位时间内涌出瓦斯的多少。用Q_{CH_4}表示，单位为m^3/min或m^3/d等。

（2）相对瓦斯涌出量：平均日产1 t煤涌出瓦斯的多少。用q_{CH_4}表示，单位为m^3/t。

46. 影响瓦斯涌出量的两个因素

瓦斯涌出量的影响因素可分为自然因素和开采技术因素。其中，自然因素主要是指瓦斯涌出量与煤层和围岩瓦斯的含量以及地面气压变化有一定的关系。开采技术因素主要是指：

（1）开采规模：矿井开采范围越大、开采深度越深、生产能力越大，瓦斯涌出量越大。

（2）开采顺序与开采方法：工作面后退式开采较前进式开采瓦斯涌出量小；采区回采率低，失煤多，瓦斯涌出量大。

（3）生产工艺：炮采、普采、高档普采、综采、放顶煤的不同工艺瓦斯涌出量是不同的。

（4）风压、风量的变化：风压变化对瓦斯涌出量的影响近似于地面气压的变化，瓦斯易扩散、矿井风量增加时，风速加快，瓦斯涌出量增加。

（5）采空区密闭质量：采空区密闭质量差，漏风严重，不但瓦斯涌出量增加，而且也不利于自燃发火的控制和矿井通风管理。

（6）通风系统：有利用控制采空区瓦斯涌出的通风系统可降低瓦斯涌出量，如工作面采用 U 型通风系统时倒退式回采较前进式瓦斯涌出量小。

47. 区域防突的两个措施

预防煤与瓦斯突出措施按作用范围来分，有区域性综合防突措施和局部性综合防突措施两大类。其中，区域性综合防突措施最有效的两个措施是开采保护层和预抽煤层瓦斯。

（1）开采保护层。开采煤层群时，首先开采无突出危险的煤层或突出危险性小的煤层，使相邻有突出危险的煤层减少或丧失其突出危险性。这个先采的煤层叫保护层，后采煤层叫被保护层。保护层位于上方的叫上保护层，保护层位于下方的叫下保护层。

（2）预抽煤层瓦斯。预抽瓦斯指在煤层未受到采动前进行瓦斯抽采，即利用布置在煤（岩）层中的巷道、钻孔和抽放设备，经一定时间预抽煤（岩）层中的瓦斯，以降低瓦斯含量和瓦斯压力，使煤层应力下降，透气性和强度增加，从而使煤（岩）层丧失或减弱突出的危险性。这种方法简便易行，只要能抽出 20% ~30% 的瓦斯，就能达到防突的效果，是目前广泛采用的一种防突方法。其缺点就是透气性差的煤（岩）层抽放效果差，开掘工程需要提前量等。

48. 防突工作的两个原则

在瓦斯防突治理的过程中必须坚持区域防突措施先行、局部防突措施补充的原则；坚持区域防突工作做到多措并举、可保必保、应抽尽抽、效果达标的原则。

49. 突出煤层的两大区域

《防治煤与瓦斯突出细则》指出，突出矿井应该根据突出区域单项指标和综合指标对突出煤层进行突出危险性预测，经区域预测后，突出煤层可划分为突出危险区、无突出危险区两大类。

50. 突出煤层区域危险性预测分两大类

通常突出煤层区域危险性预测分为开拓前区域预测、开拓后区域预测。其中，开拓前区域预测是指新水平、新采区开拓前的区域预测；开拓后区域预测是指新水平、新采区开拓完成后的区域预测。

51. 两个"四位一体"防突措施

《防治煤与瓦斯突出细则》第五条规定：有突出矿井的煤矿企业、突出矿井应当依据本细则，结合矿井开采条件，制定、实施区域和局部综合防突措施。

（1）区域综合防突措施是指：区域突出危险性预测、区域防突措施、区域防突措施效果检验、区域验证。

（2）局部综合防突措施是指：工作面突出危险性预测、工作面防突措施、工作面防突措施效果检验、安全防护措施。

52. 主要排水泵房的两个出口

主要排水泵房至少有 2 个出口：一个出口用斜巷通到井筒，并应高出泵房底板 7 m 以上；另一个出口通到井底车场，在此出口通路内应设置易于关闭的既能够防水又能够防火的密闭门。泵房和水仓的连接通道，应设置可靠的控制阀门。

53. 矿井主要水仓的两仓

矿井主要水仓应当设置主仓和副仓，当一个水仓清理时，另一个水仓能够正常使用。新建、改扩建矿井或者生产矿井的新水平，正常涌水量在 1000 m^3/h 以下时，主要水仓的有效容量应当容纳 8 h 的正常涌水量。

正常涌水量大于 1000 m^3/h 的矿井，主要水仓有效容量可以按照下式计算：

$$V = 2(Q + 3000) \qquad (2-2)$$

式中　V——主要水仓的有效容量，m^3；

　　　Q——矿井每小时的正常涌水量，m^3。

采区水仓的有效容量应当容纳 4 h 的采区正常涌水量。水仓进口应当设置算子。对水砂充填和其他涌水中带有大量杂质的矿井，应当设置沉淀池。水仓的空仓容量应当经常保持在总容量的 50% 以上。

54. 生产矿井的两个安全出口

每个生产矿井必须至少有 2 个能够行人的通达地面的安全出口，各个出口间的距离不得小于 30 m。采用中央式通风系统的新建和改扩建矿井，设计中应规定井田边界附近的安全出口。当井田一翼走向较长、矿井发生灾害不能保证人员安全撤出时，必须掘出井田边界附近的安全出口。井下每一个水平到上一个水平和各个采区都必须至少有 2 个便于行人的安全出口，并与通达地面的安全出口相连接。未建成 2 个安全出口的水平或采区严禁生产。井巷交叉点，必须设置路标，标明所在地点，指明通往安全出口的方向。井下工作人员必须熟悉通往安全出口的路线。

55. 采煤工作面的两个安全出口

采煤工作面必须保持至少 2 个畅通的安全出口，一个通到回风巷道，另一个通到进风巷道。开采三角煤、残留煤柱，不能保持 2 个安全出口时，必须制订安全措施，报企业主要负责人审批。采煤工作面所有安全出口与巷道连接处超前压力影响范围内必须加强支护，且加强支护的巷道长度不得小于 20 m；综合机械化采煤工作面，此范围内的巷道高度不得低于 1.8 m，其他采煤工作面，此范围内的巷道高度不得低于 1.6 m。与安全出口相连接的巷道必须设专人维护，发生支架断梁折柱、巷道底鼓变形时，必须及时更换、清挖。

56. 井下配电网路必须装设的两大保护

井下配电网路均应装设过流、短路两大保护装置；必须用该配电网路的最大三相短路电流校验开关设备的分断能力和动、热稳定性以及电缆的热稳定性，必须正确选择熔断器的熔体；必须用最小两相短路电流校验保护装置的可靠动作系数；保护装置必须保证配电网路中最大容量的电气设备能够起动。

57. 矿山救护大队应由不少于两个中队组成

矿山救护大队应由不少于 2 个中队组成，是本矿区的救护指挥中心和演习训练、培训中心。矿山救护中队应由不少于 3 个救护小队组成。救护中队每天应有 2 个小队分别值班、待机。救护小队应由不少于 9 人组成。煤矿企业可根据需要建立辅助救护队，业务上受矿山救护队指导。

58. 两接地极

电气设备保护接地装置有主接地极和局部接地极两类。

所有电气设备的保护接地装置（包括电缆的铠装、铅皮、接地芯线）和局部接地装置，应与主接地极连接成一个总接地网。主接地极应在主、副水仓各埋设 1 块。主接地极应在应用耐腐蚀的钢板制成，其面积不得小于 0.75 m²、厚度不得小于 5 mm。在钻孔中敷设的电缆不能与主接地极连接时，应单独形成一分区接地网，其接地电阻值不得超过 2 Ω。

下列地点应装设局部接地极：

（1）采区变电所（包括移动变电站和移动变压器）。

（2）装有电气设备的硐室和单独装设的高压电气设备。

（3）低压配电点或装有 3 台以上电气设备的地点。

（4）无低压配电点的采煤机工作面的运输巷、回风巷、集中运输巷（胶带运输巷）以及由变电所单独供电的掘进工作面，至少应分别设置 1 个局部接地极。

（5）连接高压动力电缆的金属连接装置。

局部接地极可设置在巷道水沟内或其他就近的潮湿处。设置在水沟中的局部接地极应用面积不小于 0.6 m²、厚度不小于 3 mm 的钢板或具有同等有效面积的钢管制成，并应平放于水沟深处。设置在其他地点的局部接地极，可用直径不小于 35 mm、长度不小于 1.5 m 的钢管制成，管上应至少钻 20 个直径不小于 5 mm 的透管，2 根钢管相距不得小于 5 m，并联后垂直埋入底板，垂直埋入深度不得小于 0.75 mm。

59. 瓦斯抽放量分为两大类

这两大类分别为标况瓦斯抽放量、工况瓦斯抽放量。

（1）标况瓦斯抽放量，是指在标准大气压、标准温差下所抽放的瓦斯量。

（2）工况瓦斯抽放量，是指在瓦斯抽放现场条件下测定的瓦斯抽放量。

两者是按照下式进行换算：

$$Q_{标} = Q_{工} \frac{P_1 T_{标}}{P_{标} T_1} \qquad (2-3)$$

式中　$Q_{标}$——标准状态下的瓦斯抽放量，m^3/min；

　　　$Q_{工}$——现场实测的瓦斯抽放量，m^3/min；

P_1——测定时管道内气体绝对压力，MPa；

T_1——测定时管道内气体摄氏温度，K；

$P_{标}$——标准绝对压力，101.325 kPa；

$T_{标}$——标准绝对温度，（20 + 273）K。

60. 瓦斯抽放率分为两大类

瓦斯抽放率分为矿井瓦斯抽放率、工作面瓦斯抽放率两大类。

（1）矿井瓦斯抽放率按以下公式计算：

$$\eta_k = \frac{100Q_{kc}}{Q_{kc} + Q_{kf}} \qquad (2-4)$$

式中　　η_k——矿井月平均瓦斯抽放率，%；

Q_{kc}——矿井月平均瓦斯抽放量，m³/min；

Q_{kf}——矿井月平均风排瓦斯量，m³/min；

（2）工作面瓦斯抽放率按以下公式计算：

$$\eta_m = \frac{100Q_{mc}}{Q_{mc} + Q_{mf}} \qquad (2-5)$$

式中　　η_m——工作面月平均瓦斯抽放率，%；

Q_{mc}——回采期间，工作面月平均瓦斯抽放量，m³/min；

Q_{mf}——工作面月平均风排瓦斯量，m³/min。

61. 以人为中心来考察事故后果，事故划分为两大类

这两大类事故为伤亡事故、一般事故。

（1）伤亡事故，是个人或集体在行动过程中接触了与周围条件有关的外来能量，作用于人体，致使人体生理机能部分或全部的丧失。这种事故的后果，严重时会决定一个人一生的命运，所以习惯称为不幸事故。在生产区域中发生的和生产有关的伤亡事故，叫工伤事故。

（2）一般事故，是指人身没有受到伤害或受伤轻微，停工短暂或不影响人的生理机能障碍的事故。由于传给人体的能量很小，尚不足以构成伤害，习惯上称为微伤；另一种是对人身而言的未遂事故，也称为无伤害事故。许多学者的统计表明，事故中无伤害的一般事故占90%以上，比伤亡事故的概率大十到几十倍。

62. 以客观的物质条件为中心来考察事故现象，事故划分为两大类

这两大类事故是物质遭受损失的事故、物质完全没有受到损失的事故。

（1）物质遭受损失的事故：如由于火灾、爆炸、冒顶，以致迫使生产过程停顿，并造成国家财产的损失。

（2）物质完全没有受到损失的事故：有些事故虽然物质没有受到损失，但因人机系统中，不论人或机哪一方面停止工作，另一方也得停顿下来。

63. 危险源可分为两大类

这两大类危险源是第一类危险源、第二类危险源。

（1）第一类危险源：事故是能量的意外释放作用于人体造成的伤害。所以，在生产现场中产生能量的能量源或拥有能量的能量载体属于第一类危险源。常见的第一类危险源有带电的导体；奔驰的车辆；产生、供给能量的装置、设备；使人或物体具有较高势能的装置、设备、场所（如起重吊车及其下方）；能量载体；一旦失控可能产生巨大能量的装置、设备、场所（强烈放热反应的化工装置，有火灾爆炸危险的化工装置等）；一旦失控可能发生能量突然释放的装置、设备、场所（如各种压力容器等）；有火灾、爆炸、中毒危险的各种物质和生产、加工、储存这些危险物质的装置、设备、场所。第一类危险源的危险性与能量的高低、数量的多少有密切关系。

（2）第二类危险源：导致约束、限制能量的措施（屏蔽）失控、失效或破坏的各种不安全因素。人的不安全行为和物的不安全状态是造成能量或危险物质意外释放的直接原因。从系统安全的观点而言，这些因素包括人、物、环境三个方面的问题。

人的失误可能直接破坏对第一类危险源的控制；人失误也可能造成物的故障，进而导致事故发生。例如，工人超载起吊重物造成钢丝绳断裂，发生重物坠落伤人事故。

物的故障，是指由于性能低下不能实现预定功能的现象。物的不安全状态既是一种故障状态。物的故障可使约束、限制能量或危险物质的措施失效而发生事故。例如电线绝缘损坏发生漏电；管路破裂使其中有毒有害介质泄漏；压力容器泄压装置故障，使内部介质压力上升、导致容器破裂等。人失误会造成物的故障；物的故障也会诱发人失误。

环境因素主要是指系统运行的环境，包括温度、湿度、照明、粉尘、通风换

气、噪声和振动等物理环境，以及企业和社会的软环境。不良的物理环境会引起物的故障或人失误。例如，潮湿的环境会加速金属腐蚀而降低结构或容器的强度；工作场所强烈的噪声影响人的情绪，分散人的注意力而发生人失误。企业的管理制度、人际关系或社会环境影响人的心理，可能引起人失误。

第二类危险源往往是一些围绕第一类危险源随机发生的现象，它们出现的情况决定事故发生的可能性。第二类危险源出现得越频繁，发生事故的可能性越大。

64. 采煤工作面上下端头发生冒顶事故的两个主要原因

（1）位于工作面与运输巷、回风巷的交接处，控顶面积大，应力集中。

（2）随工作面推进，控顶范围内支架经常撤换，造成顶板冒落松动。

65. 采煤工作面的两种主要放顶柱形式

液压切顶支柱和密集放顶支柱。

66. 煤矿使用较多的两种摩擦式金属支柱

一种是微增阻支柱，另一种是急增阻支柱。

67. 采煤工作面的两个安全出口

《煤矿安全规程》规定，采煤工作面必须保持至少两个畅通无阻的安全出口，一个通到回风巷道，另一个通到进风巷道。

68. 大巷行走"两注意"

（1）行人必须注意走人行道，看到列车驶来，必须停步，靠人行道一帮选择宽敞地点站立注视列车通过。

（2）注意通过弯道、岔口、风门、水闸门、横跨轨道时，必须注视行车指示信号和列车鸣笛。

69. 实习"两注意"

（1）新工人在实习期间，必须由老工人带领工作，一同入井升井。

（2）严禁单独工作和独立行动。

70. 乘车"两注意"

（1）乘车人员必须等车停稳，在规定的上、下人地点进行上、下。

（2）乘车人员发现车辆掉道，必须立即向司机或信号工发出停车信号。

71. 矿尘的两大危害

（1）矿工得尘肺病。

（2）煤尘具有引燃和爆炸性。

72. 下行通风的两大优点

（1）机电设备散发的热量、运输过程中产生的煤尘和涌出的瓦斯不断进入工作面。

（2）工作面瓦斯流动方向与风流相反可避免上隅角瓦斯积聚。

73. 下行通风的两大缺点

（1）工作面瓦斯进入运输机巷，易发生因机械或电器火花引爆的瓦斯事故。

（2）运输机巷发生火灾时，容易产生火风压导致风流反向，直接威胁工作面内个人的生命安全。

74. 串联通风的两大害处

（1）被串联的采掘工作面或硐室中的空气质量无法保证，有毒有害气体和矿尘浓度会增大，恶化作业环境和增加灾害危险程度。

（2）前面的采掘工作面或硐室一旦发生灾变，将会影响或波及被串联的采掘工作面或硐室，扩大灾害范围。

75. 使用局部通风进行掘进的工作面，停风和恢复通风必须遵守的两项规定

（1）因检修、停电等原因停风时，必须撤出人员，切断电源。

（2）恢复通风前必须检查瓦斯浓度，局部通风机及其开关地点附近 10 m 以内风流中的瓦斯浓度都不超过 0.5% 时，方可人工开动局部通风机。

76. 排放盲巷瓦斯的两种方法

调节风量法排放瓦斯和密封巷道逐段推进法排放瓦斯。

77. 双回路供电

《煤矿安全规程》规定，矿井应当有两回路电源线路（即来自两个不同变电站或者来自不同电源进线的同一变电站的两段母线）。当任一回路发生故障停止供电时，另一回路应当担负矿井全部用电负荷。区域内不具备两回路供电条件的矿井采用单回路供电时，应当报安全生产许可证的发放部门审查。采用单回路供电时，必须有备用电源。备用电源的容量必须满足通风、排水、提升等要求，并保证主要通风机等在 10 min 内可靠启动和运行。备用电源应当有专人负责管理和维护，每 10 天至少进行一次启动和运行试验，试验期间不得影响矿井通风等，试验记录要存档备查。

矿井的两回路电源线路上都不得分接任何负荷。

正常情况下，矿井电源应当采用分列运行方式。若一回路运行，另一回路必须带电备用。带电备用电源的变压器可以热备用；若冷备用，备用电源必须能及时投入，保证主要通风机在 10 min 内启动和运行。

78. 两大选煤方法

选煤方法主要分为湿法选煤和干法选煤两类。

79. 井下采区电动机日常维修中应特别注意两点

（1）电机的散热降温问题，严防煤埋、水淹电动机。煤埋电机，使电机散热条件变差，功率将大大减少，严重发热，加速电机绝缘老化和烧毁。

（2）负荷要适量。遇到电机启动困难时，绝对不允许强开、硬碰，一定要查清原因，进行卸载，防止过负荷烧坏电机。

80. 井下严禁带电检修电气设备的两大原因

（1）带电检修时，由于工具与设备内部某一带电部分相互接触碰撞，或带电部位通过工具与设备外壳碰撞，都会产生具有高温高热的强大电弧的弧光短路，伤害操作人员、损害设备、影响生产。

（2）若瓦斯积聚，还可引起瓦斯煤尘爆炸，给矿井安全和人身安全造成严重威胁。

81. 瓦斯的两个重要成气时期

有机物质沉淀以后，经历两个成气时期，即生物化学成气时期和煤化变质作用成气时期。

（1）生物化学成气时期。这是成煤作用的第一个阶段，即泥炭化或腐泥化阶段。从腐殖型有机物沉积在沼泽相和三角洲相环境中开始，在不超过 65 ℃ 的适当温度还原条件下，腐殖型有机物经厌氧微生物（细菌）的化学降解作用生成甲烷、二氧化碳和水。在这个阶段，植物在泥炭沼泽、湖泊或浅海中不断繁殖，其遗体在微生物参加下不断分解、化合和聚积。在这个阶段中起主导作用的是生物化学作用，低等植物经生物化学作用形成腐泥，高等植物形成泥炭。在泥炭化过程中，有机组成的变化是十分复杂的。一般认为，泥炭化过程的生物化学作用大致分为两个阶段：第一阶段，植物遗体中的有机化合物经氧化分解和水解作用，转化为简单的化学性质活泼的化合物；第二阶段，分解产物相互作用进一步合成新的较稳定的有机化合物，如腐殖酸、泥青质等。

（2）煤化变质作用成气时期。这是成煤作用的第二个阶段，即泥炭、腐泥在以温度和压力为主的作用下变化为煤的过程。在这个阶段中，由于埋藏较深且覆盖层已经固化，故在压力和温度影响下，泥炭进一步变化为褐煤，褐煤再变为烟煤和无烟煤。煤的有机质基本结构单元是带侧键官能团并含有杂原子的缩合芳香核体系。在煤化作用过程中，侧键官能团因断裂、分解而减少，芳香核环数则不断增加，芳香核纵向堆积加厚、排列逐渐趋于有序化，从而造成有机质一系列物理和化学的变化。在芳香核缩合和侧键与官能团脱落分解过程中，伴随有大量烃类气体产生，其中主要是甲烷。

82. 煤矿安全生产的两个理念

煤矿安全生产的两个理念为：煤矿可以做到不死人、煤矿瓦斯超限就是事故。

83. 煤与瓦斯突出的两大类预兆

煤与瓦斯突出的两大类预兆分别是有声预兆和无声预兆。

（1）有声预兆：地压活动剧烈，顶板来压，不断发生掉碴和片帮，支架断裂，煤层发生震动，煤炮声由远到近，响声频繁等。

（2）无声预兆：软分层变厚，瓦斯涌出异常，瓦斯浓度忽大忽小，煤层层理紊乱，光泽暗淡，有构造带出现，打钻时严重顶钻、夹钻、喷孔等。

84. 两大防突安全防护措施

第一是尽量减少工作人员在落煤时与工作面的接触时间，主要措施有远距离爆破；第二是突出后工作人员应有一套完整的生命保证系统，主要有避难硐室、隔离式自救器、压风自救装置。

85. 工作面防突措施的效果检验必须包括的两大内容

（1）检查所实施的工作面防突措施是否达到了设计要求和满足有关规章、标准等，并了解、收集工作面及实施措施的相关情况、突出预兆等（包括喷孔、卡钻等），作为措施效果检验报告的内容之一，用于综合分析、判断。

（2）各检验指标的测定情况及主要数据。

86. 两类瓦斯压力的测定方法

（1）直接测定法。通过钻孔揭露煤层，安设测定仪表并密封钻孔，利用煤层中瓦斯的自然渗透原理测定在钻孔揭露处达到平衡的瓦斯压力。

（2）间接测定法。原理是：煤屑瓦斯解吸指标 Δh_2 的大小反映了煤样所处地点的瓦斯压力、煤的变质程度和煤的强度，将典型煤样在实验室进行解吸规律研究，可以反求出所测地点煤层瓦斯压力的大小。

87. 两类瓦斯含量的测定方法

（1）直接测定法。在井下采用仪器直接测定煤层的解吸瓦斯量，再通过实验室测定煤层的残余瓦斯量来得到煤层的原始瓦斯含量。

（2）间接测定法。在现场测定煤层瓦斯压力的基础上，取煤样在实验室作吸附实验，应用朗格谬尔公式计算含量。

88. 两类矿井瓦斯涌出量预测方法

（1）分源法。根据时间和地点的不同，分成数个向矿井涌出的瓦斯涌出源，在分别对这些瓦斯涌出源进行预测的基础上得出矿井瓦斯涌出量。

（2）矿山统计法。根据矿井或邻近矿井实际瓦斯涌出资料的统计分析得出的矿井瓦斯涌出量随开采深度变化的规律，预测新井或新水平瓦斯涌出量。

89. 两类钻机

钻机是瓦斯抽采施工的主要工具，有风动钻机和液压钻机两大类。

（1）风动钻机分为手持式风动钻机、导轨式风动钻机等。

（2）液压钻机是煤矿施工抽放钻孔、探水、注浆钻孔的主要机具。液压钻机整机由泵站、操作台、主机（动力头、机架、支撑框架）、钻杆、钻头等部件组成。

90. 两类瓦斯抽采泵

瓦斯抽采泵的两大分类主要有干式瓦斯抽采泵、水环式瓦斯抽采泵。

91. 两类通风机

按通风机的构造和工作原理可以分为离心式通风机、轴流式通风机两大类。

92. 两类密闭

密闭的结构按其服务年限的不同可以分为临时密闭、永久密闭两大类。

93. 煤层中瓦斯运移的两种形式

（1）瓦斯在煤的孔隙结构中的流动主要是扩散，符合菲克定律。

（2）在煤层裂隙系统的流动属于渗透，符合达西定律。

94. 两大矿井漏风形式

矿井漏风分为内部漏风、外部漏风两大类。矿井内部漏风指井下各通风设施、采空区、煤柱等的漏风；矿井外部漏风指地表裂隙、井口风门、风硐闸门、反风装置、井口密闭、防爆门等处的漏风。

矿井漏风的危害主要有：

（1）漏风使工作地点风量减少，会造成有害气体积聚、空气温度升高，气候条件恶化，不仅影响井下工人的劳动效率，而且影响工人的身体健康和矿井安全。

（2）漏风的存在，使矿井通风系统复杂化，降低了通风系统的稳定性、可靠性，影响井下风流控制和调节效果。

（3）大量漏风会造成矿井通风电费的大量浪费，甚至使主要通风机能力不足。

（4）采空区、留有浮煤的封闭巷道以及被压碎的煤柱等的漏风，可能促使煤炭自然发火，而地表塌陷区风量的漏入，会将采空区有害气体带入井下，直接威胁采掘工作面的安全生产。

95. 开采保护层的两大分类

开采保护层分为开采上保护层、开采下保护层两大类。位于被保护层上方的保护层称为上保护层，位于被保护层下方的保护层称为下保护层。

96. 矿井火灾按照火源特性分为两大类

矿井火灾按照火源特性分为两大类分别为原生火灾、再生火灾。

97. 矿井火灾按照火源产生位置分为两大类

矿井火灾按照火源产生位置分为两大类分别为井上火灾、井下火灾。其中发生在矿井地面的火灾称为井上火灾，发生在矿井井下的火灾称为井下火灾。

98. 石门揭煤工作面常用的两种预测方法

石门揭煤工作面常用的两种预测方法是钻屑瓦斯解吸指标法、综合指标法。

（1）钻屑瓦斯解吸指标法预测石门揭煤工作面突出危险性时，由工作面向煤层的适当位置至少打 3 个钻孔，在钻孔钻进到煤层时每钻进 1 m 采集一次孔口排出的粒径 1~3 mm 的煤钻屑，测定其瓦斯解吸指标 K_1 或 Δh_2 值。测定时，应考虑不同钻进工艺条件下的排渣速度。各煤层石门揭煤工作面钻屑瓦斯解吸指标的临界值应根据试验考察确定，在确定前按表 2-1 中所列的指标临界值预测突出危险性。如果所有实测的指标值均小于临界值，并且未发现其他异常情况，则该工作面为无突出危险工作面；否则，为突出危险工作面。

表 2-1　钻屑瓦斯解吸指标法预测石门揭煤工作面突出危险性的参考临界值

煤样	Δh_2 指标临界值/Pa	K_1 指标临界值/$(\mathrm{mL} \cdot \mathrm{g}^{-1} \cdot \mathrm{min}^{-\frac{1}{2}})$
干煤样	200	0.5
湿煤样	160	0.4

（2）采用综合指标法预测石门揭煤工作面突出危险性时，应当由工作面向

那个的适当位置至少打3个钻孔测定煤层瓦斯压力P。近距离煤层群的层间距小于5m或层间岩石破碎时，应当测定各煤层的综合瓦斯压力。测定钻孔在每米煤孔采一个煤样测定煤的坚固性系数f，把每一个钻孔中坚固性系数最小的煤样混合后测定煤的瓦斯放散初速度Δp，则此值及所有钻孔中测定的最小坚固性系数f值作为软分层煤的瓦斯放散初速度和坚固性系数参数值。综合指标D、K的计算公式为

$$D = (0.0075H/f - 3) \times (P - 0.74) \qquad (2-6)$$

$$K = \Delta p/f \qquad (2-7)$$

式中　D——工作面突出危险性的D综合指标；

　　　K——工作面突出危险性的K综合指标；

　　　H——煤层埋藏深度，m；

　　　P——煤层瓦斯压力，取各个测压钻孔实测瓦斯压力的最大值，MPa；

　　　f——软分层煤的坚固性系数。

各煤层石门揭煤工作面突出预测综合指标D、K的临界值应根据试验考察确定，在确定前可暂按表2-2所列的临界值进行预测。

当测定的综合指标D、K都小于临界值，或者指标K小于临界值且式（2-6）中两括号内的计算值都为负值时，若未发现其他异常情况，该工作面即为无突出危险工作面；否则，判定为突出危险工作面。

表2-2　石门揭煤工作面突出危险性预测综合指标D、K参考临界值

综合指标 D	综合指标 K	
	无烟煤	其他煤种
0.25	20	15

99. 两类火源

火源可以分为显火源和潜火源两大类。所谓显火源即是以明火、高温的表面或灼热的物体的形式显露于空间，可燃物一旦与其接触即可发生燃烧。如气焊和电焊产生的高温焊渣、燃着的烟头等皆属于此类。所谓潜火源即是平时处于常温状态，在一定的外部条件下（人员操作失误、设备零件故障、安全装置失效等原因）有可能产生火花、放出热量和转化为高温热源。如具有短路危险的电缆接头、作高速相对运动的两固体接触面、不合格的炸药爆破等都属于潜火源。

100. 预防外因火灾的两大措施

预防外因火灾的两大措施：一是防止火灾产生；二是防止已经发生的火灾事故扩大，以尽量减少火灾的损失。

101. 煤层自然发火期的两大估算方法

煤层自然发火期的两大估算方法分别为统计比较法、类比法。

（1）统计比较法。矿井开工建设揭煤后，对已发生自燃火灾的自然发火期进行推算，开分煤层统计和比较，以最短者作为煤层的自然发火期。计算自然发火期的关键是首先确定火源的位置。此法适用于生产矿井。

（2）类比法。对于新建的开采有自燃倾向性煤层的矿井，可根据地质勘探时采集的煤样所做的自燃倾向性鉴定资料，并参考与之条件相似的矿井，进行类比而确定自然发火期，以供设计参考。此法适用于新建矿井。

102. 延长煤层自然发火期的两大途径

延长煤层自然发火期的两大途径：一是减小煤的氧化速度和氧化生热；二是增加散热强度，降低温升速度。

103. 外因火灾遵循的"两调查、一划分"程序

两调查：一是调查井下可能出现的火源（包括潜在火源）的类型及其分布；二是调查井下可燃物的类型及其分布。

一划分：划分发火危险区。井下可燃物和火源（包括潜在火源）同时存在的地区视为危险区。

104. 矿尘按存在状态分为两大类

（1）浮游矿尘。悬浮于矿内空气中的矿尘，简称浮尘；

（2）沉积矿尘。从矿内空气中沉降下来的矿尘，简称落尘。

浮尘和落尘在不同的环境下可以相互转化，浮尘在空气中飞扬的时间不仅与尘粒的大小、重量、形式等有关，还与空气的湿度、风速等大气参数有关。矿山除尘研究的直接对象是悬浮于空气中的矿尘，因此一般所说的矿尘就是指这种状态的矿尘。

105. 按矿尘的粒径组成范围划分为两大类

（1）全尘（总粉尘）。各种粒径的矿尘之和。对于煤尘，常指粒径为 1 mm 以下的尘粒。

（2）呼吸性粉尘。主要是指粒径在 5 μm 以下的细微尘粒，它能通过人体上呼吸道进入肺区，是导致尘肺病的病因，对人体危害甚大。

106. 矿尘浓度的两种表示方法

矿尘浓度的两种表示方法为质量法、计数法。

（1）质量法。每立方米空气中所含浮尘的毫克数，单位为 mg/m^3。

（2）计数法。每立方厘米空气中所含浮尘的颗粒数，单位为粒/cm^3。

107. 爆破噪声对人体健康的两大类危害

一类是声级较高的噪声，可能引起听力损伤以及神经系统和心血管系统等方面的疾病；另一类是一般声级的噪声，可能引起人们的烦恼，破坏正常的生活环境。

108. 煤矿许用电雷管的两个基本要求

一是不含铝；二是延期时间小于 130 ms。

109. 两种引爆工业炸药的方法

在工程爆破中，引爆药包中的工业炸药有两种方法：一种是通过雷管的爆炸起爆工业炸药；另一种是用导爆索爆炸产生的能量去引爆工业炸药，而导爆索本身需要先用雷管将其引爆。

110. 爆破造成的两类失稳灾害

一类为爆破震动引起的自然高边坡失稳；另一类为爆破开挖后边坡岩体遭受破坏，日后风化作用引发不断的塌方失稳。

111. 地下开采二次爆破的规定

（1）起爆前应通知可能受影响的相邻采场和井巷中的作业人员撤到安全地点。

（2）人员不应进入溜井与漏斗内爆破大块矿石。

（3）人员不应进入采场放矿出现的悬拱或立槽下方危险区实施二次爆破。

（4）在与采场短溜井、溜眼相对或斜对的出矿漏斗处理卡斗或二次爆破时，应待溜井、溜眼下部的放矿作业人员撤到安全地点后方可进行，且爆破作业人员应有可靠的防坠措施。

（5）地下二次破碎地点附近，应设专用炸药箱和起爆器材箱，其存放量不应超过当班二次爆破使用量。

（6）在旋回、漏斗等设备、设施中的裸露药包爆破，应在停电、停机状态下进行，并应采取相应的安全措施。

112. 悬浮液的两个作业过程

（1）回收作业。从产物中分出悬浮液，用水冲洗掉产物上的悬浮液并集中起来。

（2）再生作业。清除混杂在悬浮液中的泥矿。一般采用磁选法、浮选法使加重剂和杂物矿泥分离并浓缩成合格的介质。

113. 工作介质泵两个常见故障及排除方法

（1）工作介质泵上料少。采取的方法是：①更新磨损旧件；②清除堵管块状物料；③紧固传动三角带；④保证正常工作介质量。

（2）工作介质泵不上料。采取的方法是：①疏通管道的阀门及弯头处；②介质仓底部没搅拌起来，重新搅拌；③叶轮固定螺母紧固。

114. 爆破工应达到的"二少"

（1）减少爆破次数，增加一次爆破的炮眼个数，缩短爆破时间。

（2）材料消耗少，合理布置炮眼，装药量适中，降低炸药雷管消耗。

115. 装盖药、垫药的两大缺点

（1）装盖药、垫药不仅浪费炸药，而且影响爆破效果。

（2）容易产生残爆和爆燃，爆燃最容易引爆瓦斯和煤尘，对安全不利。

116. 接触爆破材料人员必须穿棉布或抗静电衣服，严禁穿化纤衣服的两个原因

（1）穿化纤衣服容易在工作中产生静电并积蓄在化纤衣服上，其电压可高

达 10～30 kV，一旦放电，积蓄能量的放电火花能引爆爆破材料，造成爆炸事故。

（2）化纤衣服被引燃后，容易黏结在人身上，烫伤人员。

117. 爆破地点检查瓦斯的两个部位

（1）采煤工作面爆破地点的瓦斯检查，应在沿工作面煤壁上下各 20 m 范围内的风流中进行。

（2）掘进工作面爆破地点的瓦斯检查，应在该点向外 20 m 范围内的巷道风流中及本范围内局部瓦斯积聚处进行。

118. 毫秒延期电雷管适用的两种条件

毫秒延期电雷管分为普通型和煤矿许用型两种。

（1）普通型可使用于无瓦斯的工作面。

（2）煤矿许用型可使用于有瓦斯或煤尘爆炸危险的采掘工作面、高瓦斯矿井或煤与瓦斯突出矿井。

119. 瞬发电雷管适用的两种条件

瞬发电雷管可分为普通型和煤矿许用型两种。

（1）普通型可用于无瓦斯工作面。

（2）煤矿许用型可用于高瓦斯矿井、有瓦斯或煤尘爆炸危险的采掘工作面、煤与瓦斯突出矿井。

120. 送电的电力电缆不允许将多余部分盘放在一起的两大原因

（1）热量集中，不易散热，使电缆温度升高，电阻增高，加剧温度升高。

（2）盘放在一起的电缆近似一个电抗器，产生电抗和热量。

121. 矿井大型设备常用的两种滑动轴承

整体式滑动轴承和剖分式滑动轴承。

大型设备的滑动轴承常用的两种材料是铜基合金和轴承合金。

122. 缠绕式提升机的深度指示器的两种类型

牌坊式深度指示器和圆盘式深度指示器。

123. 常用的两种划线方法

平面划线和立体划线。

124. 常见的两种手锤握法

紧握法和松握法。

125. 变压器常用的两种冷却方式

油浸自然空气冷却和油浸风冷式。

126. 鉴别隔爆设备锈蚀的两个标准

（1）隔爆设备的非加工面有发生脱落的氧化层。

（2）在隔爆面有锈迹用棉线擦后仍留有锈蚀斑痕者。

127. 短路电流计算的两个目的

（1）按最大短路电流选择开关设备，使开关的遮断电流大于所保护电网发生的最大三相短路电流。

（2）按保护线路最末端的两项短路电流校验其保护装置的灵敏度，从而到达保护装置的要求。

128. 褶皱的两大分类

褶皱分为背斜、向斜两大类。

（1）背斜：岩层向上弯曲，核心部位的岩层较老，外侧岩层较新。

（2）向斜：岩层向下弯曲，核心部位的岩层较新，外侧岩层较老。

第三章　数字"三"的术语

1. 煤矿"三项计划"

采掘作业计划、瓦斯抽采计划、探放水计划。

2. 三软煤层

顶板软、底板软、煤层强度较小的煤层称为"三软"煤层。

3. 三小技术

"三小"技术指的钻孔作业中使用小直径钻孔、小直径药卷和小直径钻杆的钻孔技术。

4. 三机配套

综采工作面的"三机"是指采煤机、液压支架、刮板输送机，是综采工作面的主要设备。其选型必须首先考虑配套关系，选型正确先进、配套关系合理是提高综采工作面生产能力、实现高产高效的必要条件。

（1）采煤机的选型原则：①采煤机能适合的煤层地质条件，其主要参数（采高、截深、功率、牵引方式）的选取要合理，并有较大的适用范围。②采煤机应满足工作面开采生产能力的要求，其生产能力要大于工作面设计能力。③采煤机的技术性能良好，工作可靠，具有较完善的各种保护功能，便于使用和维护。采煤机的实际生产能力、采高、截深、截割速度、牵引速度、牵引力和功率等参数在选型时必须确定。

（2）液压支架的选型原则：①液压支架的选型就是要确定支架类型（支撑式、掩护式、支撑掩护式）、支护阻力（初撑力和额定工作阻力）、支护强度与底板比压以及支架的结构参数（立柱数目、最大最小高度、顶梁和底座的尺寸及相对位置等）及阀组性能和操作方式等。②选型依据是矿井采区、综采工作面地质说明书。在选型之前，必须将所采工作面的煤层、顶底板及采区的地质条件全部查清。然后依据不同类级顶板选取架型。最后依据选型内容结合国内现有液压支架的主要技术性能直接选定架型及其参数所对应的支架型号。

（3）刮板输送机的选型原则：①刮板输送机的输送能力应大于采煤机的最大生产能力，一般取 1.2 倍。②要根据刮板链的质量情况确定链条数目，结合煤质硬度选择链子结构型式。③应优先选用双电机双机头驱动方式。④应优先选用短机头和短机尾。⑤应满足采煤机的配合要求，如在机头机尾安装张紧、防滑装置，靠煤壁一侧设铲煤板，靠采空区一侧附设电缆槽等。在选型时要确定的刮板输送机的参数主要包括输送能力、电机功率和刮板链强度等。电机功率主要根据工作面倾角、铺设长度及输送量的大小等条件确定。刮板链的强度应按恶劣工况和满载工况进行验算。

5. 三下一上

"三下一上"采煤法是指建筑物下、铁路下、水体下和承压水体上采煤，该项技术最先在欧洲主要采煤国家得到发展。但是，该方法应保证建筑物和铁路不受开采影响而破坏，水体下采煤和承压水体上采煤应避免矿井出现突水事故，保证矿井生产安全和地面水体等不受开采影响。

6. 三级领导

"三级领导"是指矿务局、生产矿井和生产区队三级管理体系，这一体系的主要特点是在每一管理层次都有一名主管经营工作的行政领导和职能部门或小组具体负责在用物资的管理工作。

7. 三点一线

在测量学中，直线定线可以用仪器来完成，当精度要求不高时，也可以用目估法定线，即人眼用"三点一线"的原理将分段标定于同一条直线。一般当测量的两点距离大于钢尺长度时，需要进行分段测量时用此法。

8. 三无、四有、两齐、三全、三坚持

长期生产实践总结出来的井下安全用电经验：

"三无"，即无"鸡爪子"；无"羊尾巴"；无明接头。

"四有"，即有过电流和漏电保护装置；有螺钉和弹簧垫；有密封圈和挡板；有接地装置。

"两齐"，即电缆悬挂整齐；设备硐室清洁整齐。

"三全"，即防护装置齐全；绝缘用具齐全；图纸资料齐全。

"三坚持"，即坚持使用检漏继电器；坚持使用煤电钻、照明和信号综合保护；坚持使用风电和甲烷电闭锁。

9. 物质的三相

物质是以气态、固态、液态（简称"三相"）存在的。

10. 三严

"三严"指的是顶板背严，煤帮挡严，老塘堵严。

11. 三废

煤矿废水、废气和废渣（固体废弃物）简称"三废"。

12. 三缺

在地质条件比较恶劣的环境中，缺水、缺土、缺植被，称之为"三缺"环境条件。

13. 三班两运转

"三班两运转"是综合工时制的一种，是指完成某项工作时，需要连续运转。为了保证工人休息和完成生产任务，将 24 h 分成两个换班区间，每个换班区间为 12 h，三个作业班进行轮番上班。这样，每天都有一个班的人在休息，其余两个班正常工作，三班循环运行，常见的作息方式是做四休二，最大限度地实现了员工收益和休息的需求。

实行"三班两运转"后，每月最多工作日为 21 天，最少工作日为 19 天，按照综合计时统计每月的超时，以国家规定的工作时间为标准，按当月超出的工作时间计算超时工资（加班费）。

优点：

（1）最大化地保证了设备（生产线）的运转时间，可以保证设备（生产线）7×24 h 运行。

（2）减少人员数量，提高员工使用率。

缺点：

（1）每个班工作时间较长，人员劳动强度较大。

（2）转班较为频繁，工人不容易适应。

（3）人员工作时间长，加班费支出较多（工人月平均工作：20 天 × 12 h = 240 h）。

14. 三八工作制

我国煤矿多采用"三八工作制"（即每天分为 3 个工作班，每班工作 8 h）。

15. 三轴压缩试验

"三轴压缩试验"是测定土抗剪强度的一种较为完善的方法。三轴压缩仪由压力室、轴向加荷系统、施加周围压力系统、孔隙水压力量测系统等组成。

常规试验方法的主要步骤如下（图 3－1）：将土切成圆柱体套在橡胶膜内，放在密封的压力室中，然后向压力室内压入水，使试件在各个方向受到周围压力，并使液压在整个试验过程中保持不变，这时试件内各向的三个主应力都相等，因此不发生剪应力。然后再通过传力杆对试件施加竖向压力，这样，竖向主

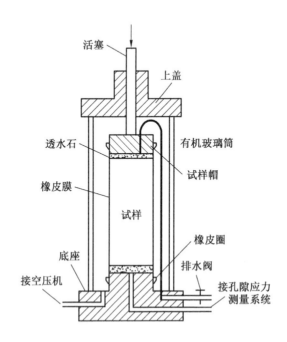

图 3－1　三轴压力试验示意图

应力就大于水平向主应力，当水平向主应力保持不变，而竖向主应力逐渐增大时，试件终于受剪而破坏。设剪切破坏时由传力杆加在试件上的竖向压应力为$\Delta\sigma_1$，则试件上的大主应力为$\sigma_1 = \sigma_3 + \Delta\sigma_1$，而小主应力为$\sigma_3$，以（$\sigma_1 - \sigma_3$）为直径可画出一个极限应力圆，用同一种土样的若干个试件（三个上）按以上所述方法分别进行试验，每个试件施加不同的周围压力σ_3，可分别得出剪切破坏时的大主应力σ_1，将这些结果绘成一组极限应力圆。由于这些试件都剪切至破坏，根据莫尔—库仑理论，作一组极限应力圆的公共切线，即为土的抗剪强度包线，通常可近似取为一条直线，该直线与横坐标的夹角即为土的内摩擦角ψ，直线与纵坐标的截距即为土的内聚力c。

16. 三汇报一见面

每天接班后，班长应向区队长、矿值班人员汇报一次工作面的现状和上班交接情况；在班中汇报一次前半班的生产、安全情况；临交班时还要汇报一次生产、安全情况和工作面存在的问题以及要求下一班携带的备品备件；出井后，班长还要与区队长和值班人员见面，具体研究和处理生产中的问题。这样，可以使区队和矿领导掌握工作面情况，针对问题及时采取措施，促进各班之间的互相协作。

17. 三掘一锚喷

三掘一锚喷，是指采用"四六"工作制，三个班进行掘进作业，一个班进行锚喷作业。这是巷道掘进的一种作业形式。

18. 三钢、一缆、一带

"三钢"指的是钢管、钢轨、钢丝绳；"一缆"指的是电缆；"一带"指的是输送带。

19. 三个聚煤期

"三个聚煤期"指的石炭二叠纪、侏罗纪和第三纪。

（1）石炭纪的聚煤时期主要在晚石炭世，形成了华北、华东及中南地区的煤系，著名的太原组煤系就在这个时期形成，山西、河北地区的大矿区如西山、开滦、阳泉、晋城、潞安、汾西等都属该煤系；二叠纪的早二叠世和晚二叠世都有较强的聚煤作用，早二叠世主要形成了以华北为中心的山西组煤系；晚二叠世则主要形成了贵州境内的龙潭煤系。

（2）侏罗纪时期由于"燕山运动"遍及全国，此时期形成的煤田最多，主要集中于华北及西北地区。著名的煤田主要有神府、东胜煤田，大同煤田以及新疆地区尚未开发的煤田。侏罗纪煤田储量最丰。

（3）第三纪含煤地层多为陆相沉积，按地理位置主要分布在台湾、沿海各省区。

20. 三大煤类

三大煤类指的是无烟煤、烟煤和褐煤。

（1）无烟煤（WY）。无烟煤固定碳含量高，挥发分产率低，密度大，硬度大，燃点高，燃烧时不冒烟。01 号无烟煤为年老无烟煤；02 号无烟煤为典型无烟煤；03 号无烟煤为年轻无烟煤。如北京、晋城、阳泉分别为 01、02、03 号无烟煤。

（2）烟煤。烟煤是煤的一类。该种煤含碳量为 75% ~ 90%，不含游离的腐殖酸，大多数具有黏结性；发热量较高；燃烧时火焰长而多烟，煤化程度较高；多数能结焦。相对密度 1.25 ~ 1.35，热值约 27170 ~ 37200 kJ/kg（6500 ~ 8900 kcal/kg）。挥发分含量中等的称为中烟煤；较低的称为次烟煤。外观呈灰黑色至黑色，粉末从棕色到黑色。由有光泽的和无光泽的部分互相集合合成层状，沥青、油脂、玻璃、金属、金刚等光泽均有，具明显的条带状、凸镜状构造。

（3）褐煤（HM）。褐煤分为透光率 P_m <30% 的年轻褐煤和 P_m 为 >30% ~ 50% 的年老褐煤两小类。褐煤的特点为：含水分大，密度较小，无黏结性，并含有不同数量的腐殖酸，煤中氧含量高（达 15% ~ 30%）。化学反应性强，热稳定性差，块煤加热时破碎严重。存放空气中易风化变质、破碎成效块甚至粉末状。发热量低，煤灰熔点也低，其灰中含有较多的 CaO，且有较少的 Al_2O_3。

21. 测量工作的三个基本技能

测量工作中需要掌握的三个基本技能分别为观测、计算和绘图。

22. 试探冒顶危害"三技巧"

（1）木楔法。在裂缝中打入小木楔，过一段时间，如果发现木楔松动或夹不住了，说明裂缝在扩大，有冒落的危险。

（2）敲帮问顶法。用钢钎或手稿敲击顶板，声音清脆响亮的，表明顶板完好；发出"空空"或"嗡嗡"声的，表明顶板岩层已离层，应把脱离的岩块挑下来。

（3）震动法。右手持凿子或镐头，左手指扶顶板，用工具敲击时，如感到顶板震动，即使听不到破裂声，也说明此岩石已与整体顶板分层。

23. 防火墙的三种类型

井下防灭火根据情况会构筑临时密闭墙、永久密闭墙和防爆密闭墙三种类型的防火墙。

（1）临时密闭墙。其作用是暂时切断风流，控制火势发展；为砌筑永久密闭墙或直接灭火创造条件。对临时密闭墙的主要要求是结构简单，建造速度快，具有一定的密实性，位置上尽量靠近火源。传统的临时密闭墙是木板墙上钉不燃的风筒布，或在木板墙上涂上黄泥，也有采用木立柱夹混凝土块板的。随着科学技术的发展，目前已研制出多种轻质材料结构、能快速建造的密闭墙，例如泡沫塑料密闭墙、伞式密闭墙和充气密闭墙。

（2）永久密闭墙。较长时间地（至火源熄灭为止）阻断风流，使火区因缺氧而熄灭。其要求是具有较高的气密性、坚固性和不燃性。同时又要求便于砌筑和启开。材料主要有砖、片（料）石和混凝土，砂浆作为黏结剂。为了增加气密性和耐压性，一般要求在巷道的四周挖 0.5～1.0 m 厚的深槽（使墙与未破坏的岩体接触），并在墙与巷道接触的四周涂上一层黏土或砂浆等胶结剂。在矿压大，围岩破坏严重的地区设置密闭时，采用两层砖之间充填黄土的结构，以增加密闭墙的气密性。在密闭墙的上中下适当位置应预埋相应的铁管，用于检查火区的温度、采集气样、测量漏风压差、灌浆和排放积水，平时这些管口应用木塞或闸门堵塞，以防止漏风。

（3）防爆密闭墙。在有瓦斯爆炸危险时，需要构筑防爆密闭墙，以防止封闭火区时发生瓦斯爆炸。防爆密闭墙一般是用砂袋堆砌而成。其厚度一般为巷宽两倍。密闭墙间距 5～10 m。目前比较先进的方法是采用石膏快速充填构成耐压防爆密闭墙。在构筑砂段或石膏密闭墙时，要安设采样管、放水管和通过筒。通过筒由钢板卷制而成，直径为 800 mm，作用一是在封闭火区时保持送风稀释火区内瓦斯；作用二是在封闭后的燃烧熄灭过程中，可派救护队员由此进入火区侦查火情。近年来，国内外研制成多种远距离输送石膏构筑密闭墙的设备，快速构筑石膏防爆密闭墙，以避免形成火灾。

24. 半煤岩巷采石位置的三种情况

半煤岩巷的采石位置有挑顶、卧底和挑顶兼卧底。多数情况下，尽可能不要挑顶而采取卧底，以保证顶板的稳定性。

25. 钻机选择"三原则"

（1）当煤、岩的强度都不高时，应选用煤电钻钻眼。

（2）当煤、岩的强度都较高时，可都采用凿岩机打眼。

（3）当煤、岩的强度相差很大时，则可同时选用煤电钻和凿岩机，或选用岩石电钻钻眼。

26. 地下水存在的三种形式

根据空隙性质，地下水可分为孔隙水、裂隙水和岩溶水。

（1）孔隙水：主要赋存在松散沉积物颗粒间孔隙中的地下水，在堆积平原和山间盆地内的第四纪地层中分布广泛，是工农业和生活用水的重要供水水源。孔隙水的分布、补给、径流和排泄决定于沉积物的类型、地质构造和地貌等。不同成因的沉积物中，存在着不同的孔隙水。在山前地带形成的洪积扇内，近山处的卵砾石层中有巨厚的孔隙潜水含水层；到了平原或盆地内部，由于砂砾层与黏土层交互成层，形成承压孔隙水含水层。在平原河流的中、下游地区的河床相的砂砾层中，存在着宽度和厚度不大的带状孔隙水含水层。在湖泊成因的岸边缘相的粗粒沉积物中，多形成厚而稳定的层状孔隙水含水层。在冰川消融水搬运分选而形成的冰水沉积物中，有透水性较好的孔隙水含水层。深层孔隙承压水往往远离补给区。离补给区越远，补给条件越差，补给量有限，故深层孔隙承压水的开采应有所节制。

（2）裂隙水：存在于岩石裂隙中的地下水。与孔隙水相比较，它分布不均匀，往往无统一的水力联系。它是丘陵、山区供水的重要水源，也是矿坑充水的重要来源。按含水介质裂隙的成因，可分为风化裂隙水、成岩裂隙水与构造裂隙水。按裂隙水的水力联系程度分为风化壳网状裂隙水、层状裂隙水和脉状裂隙水。与孔隙水比较，裂隙水分布不均匀，水力联系不好，介质的渗透性具有不均一性与各向异性。

（3）岩溶水：赋存于可溶性岩层的溶蚀裂隙和洞穴中的地下水，又称喀斯特水。其最明显特点是分布极不均匀。在可溶性岩层裸露于地表的补给区，入渗补给有两种方式：灌式补给、渗入式补给。根据岩溶水的出露和埋藏条件不同，可将岩溶水划分为3种类型：裸露型岩溶水、覆盖型岩溶水、埋藏型岩溶水。

27. 支架与围岩相互作用关系必经的三个阶段

在支架工作的每一个循环中，一般均呈现初撑增阻、相对平衡和移架前增阻三个阶段。通常一、三阶段的时间较短，一般不超过 0.5~1.0 h，第二阶段延续的时间较长。

28. 确定地面点位置的空间三要素

地面点的空间位置须由三个参数来确定，即经度、维度和高程。

（1）东经正数，西经为负数。经度是地球上一个地点离一根被称为本初子午线的南北方向走线以东或以西的度数。本初子午线的经度是 0°，地球上其他地点的经度是向东到 180°或向西到 180°。

（2）北纬为正数，南纬为负数。纬度是指某点与地球球心的连线和地球赤道面所成的线面角，其数值在 0°~90°之间。位于赤道以北的点的纬度叫北纬，记为 N；位于赤道以南的点的纬度称南纬，记为 S。

（3）高程（标高）指的是某点沿铅垂线方向到绝对基面的距离，称绝对高程，简称高程。某点沿铅垂线方向到某假定水准基面的距离，称假定高程。

29. 测量工作需要测定的三个元素

进行测量时，需要测定的三个元素是测角、测距和测高差。

（1）测角就是指利用测角仪器观测角度，包括水平夹角、垂直夹角等。

（2）测距是测量的基本工作之一，所谓距离指的是两点间的水平直线距离，如果测量的是斜距，还必须将其换算为水平距离。

（3）测高差主要就是指测量两点之间的高程差。

30. 地形图测绘中常用的三种坐标系

（1）地理坐标：用经度、纬度表示地面点位置的球面坐标。

（2）高斯平面直角坐标：为了方便工程的规划、设计与施工，需要把测区投影到平面上来，使测量计算和绘图更加方便。而地理坐标是球面坐标，当测区范围较大时，要建平面坐标系就不能忽略地球曲率的影响。把地球上的点位化算到平面上，称为地图投影。地图投影的方法有很多，目前我国采用的是高斯—克吕格投影（又称高斯正形投影），简称高斯投影。它是由德国数学家高斯提出的，由克吕格改进的一种分带投影方法。它成功解决了将椭球面转换为平面的问题。

（3）假定坐标：假定一个控制点的坐标和一个边方向作为起算参数的一种平面直角坐标系。

31. 测量学"3S"技术

测量学"3S"技术是指遥感（RS）、卫星全球定位系统（GPS）和地理信息系统（GIS）。

遥感是以航空摄影技术为基础，在20世纪60年代初发展起来的一门新兴技术。自1972年美国发射了第一颗陆地卫星后，这就标志着航天遥感时代的开始。经过几十年的迅速发展，目前遥感技术已广泛应用于资源环境、水文、气象，地质地理等领域，成为一门实用的，先进的空间探测技术。

GPS定位系统靠车载终端内置手机卡通过手机信号传输到后台来实现定位。GPS卫星定位系统的前身是美军研制的一种"子午仪"导航卫星系统，GPS全球定位系统是20世纪70年代由美国陆海空三军联合研制的新一代空间卫星导航GPS定位系统。

地理信息系统是一种特定的十分重要的空间信息系统。它是在计算机硬、软件系统支持下，对整个或部分地球表层（包括大气层）空间中的有关地理分布数据进行采集、储存、管理、运算、分析、显示和描述的技术系统。

32. 防止事故发生的"3E对策"

（1）技术（Engineering）对策。运用工程技术手段消除不安全因素，实现生产工艺、机械设备等生产条件的安全。

（2）教育（Education）对策。利用各种形式的教育和训练，使职工树立"安全第一"的思想，掌握安全生产所必需的知识和技能。

（3）法制（Enforcement）对策。借助于规章制度、法规等必要的行政乃至法律的手段约束人们的行为。

33. 岩石性质的三个术语

描述岩石性质常用到的三个术语分别为岩石、岩块和岩体。
岩块是指从地壳岩层中切取出来的小块体；岩体是指地下工程周围较大范围

的自然地质体；岩石则是不分岩块和岩体的泛称。一般来说岩体是由岩块和结构面组成的。

34. 爆炸三要素

爆炸三要素是指反应的放热性、生成气体产物、化学反应及传播的快速性。

35. 掘进工作面"三类炮眼"

掘进工作面的炮眼按其用途和位置可分为掏槽眼、辅助眼和周边眼。

（1）掏槽眼是指掏槽过程中所形成的各种型式的炮眼，可为崩下工作面的岩石、布置其他炮眼创造良好条件。掏槽眼深度应比爆破挖掘预计工作面向前推进距离的设计深度大 150~200 mm，其装药量比辅助眼加大 15%~20%。它对整个掘进爆破效率将起决定性作用。

（2）辅助眼是在掏槽眼与周边眼之间钻凿的炮眼。

（3）周边眼是布置于井巷四周靠近岩壁的炮眼。其作用是形成井巷断面形状。平巷和斜井中的周边眼又分顶眼、帮（腰）眼和底眼。眼深为设计深度。钻眼时，顶眼向上、帮眼向外侧、底眼向下，偏出一定角度，以保证井巷断面符合设计要求。顶眼和帮眼若采用光面爆破则按设计药量及装药结构而定，底眼仍按常规装药。

36. 中央水泵房的三大类水泵

中央水泵房的水泵按水泵吸水方式不同可分为吸入式卧式水泵、压入式卧式水泵和潜水泵式。

37. 硐室施工的三大特点

硐室施工与一般巷道相比，具有以下三大特点：

（1）硐室的断面大、变化多，长度则比较短，大型施工机械难以进入工作面施工。

（2）硐室往往与其他硐室、巷道、井筒相连，加之有的硐室本身结构复杂，故其受力状态不易准确分析，施工难度较大。当围岩稳定性差时，施工安全尤为重要。

（3）硐室的服务年限较大，工程质量要求高，不少硐室还要浇筑机电设备的基础、预留管线沟槽、安设起重梁等，故施工时要精心安排，确保工程规格和质量。

38. 煤仓施工"三步走"

第一步是自下向上掘小反井，第二步是自上向下刷大至设计断面，第三步是自下向上进行永久支护，浇灌混凝土。

39. 煤矿"三线"

煤矿"三线"是指井下通信系统、压风系统和防尘供水系统。煤矿"三线"是煤矿生产的"保障线"，被困矿工的"生命线"，是煤矿生产调度、安全防护、防尘除尘的重要设施和有效预防煤与瓦斯突出事故、煤尘爆炸事故的重要措施，也是提高煤矿防范抵御事故灾害能力的重要设施。

（1）必须安装井下通信系统。煤矿主副井井底车场、运输调度室、变电所、上下山绞车房、水泵房、带式输送机集中控制硐室等主要机电设备硐室和采掘工作面等必须按规定安装井下通信系统。

（2）必须安装压风系统。所有矿井必须安装压风系统。煤与瓦斯突出矿井按《煤矿安全规程》规定执行。其他矿井根据日常生产需要，结合灾害预防，也必须安装地面压风系统。空气压缩机必须安装在地面。

（3）必须安装防尘供水系统。矿井主要大巷、上下山、采区运输巷与回风巷、采掘工作面及巷道、煤仓放煤口、卸载点等都必须按《煤矿安全规程》要求敷设防尘供水管路。

40. 下井配备"三大件"

矿灯、安全帽和自救器被称为下井必须佩戴的"三大件"。

41. 矿井巷道按服务范围分为三大类

（1）开拓巷道：为全矿井、一个开采水平或阶段服务的巷道，如井筒、井底车场、阶段（或水平）运输大巷和回风大巷等。

（2）准备巷道：为整个采区服务的巷道，如采区上（下）山、采区上下车场、采区石门等。

（3）回采巷道：为工作面采煤直接服务的巷道，如区段上、下平巷和开切眼等。

42. 矿井巷道按倾角分为三大类

矿井巷道按倾角可分为水平巷道、倾斜巷道和垂直巷道三大类。

（1）水平巷道：近于水平的巷道，如平硐、石门、平巷等；

（2）倾斜巷道：有明显坡度的巷道，如上山道、下山道、斜坡道、天井等；

（3）垂直巷道：巷道的长轴线与水平面垂直，包括立井、盲立井等。

43. 根据事故发生造成后果的情况，在安全管理工作中把事故划分为三大类

这三大类事故分别为伤亡事故、损失事故和未遂事故。即，把造成人员伤害的叫作伤害事故或伤亡事故；把造成设备损失、财物破坏的事故叫作损坏事故；把既没有造成人员伤亡也没有造成财物损失的事故叫作未遂事故或称之为险肇事故。

44. 事故的三大特征

（1）事故的因果性。所谓因果就是两种现象之关联性。事故的起因乃是它和其他事物相联系的一种形式。事故是相互联系的诸原因的结果。事故的这一现象都和其他现象有着直接的或间接的联系。在这一关系上看来是"因"的现象，在另一关系上却会以"果"出现，反之亦然。因果有继承性，即第一阶段的结果往往是第二阶段的原因。给人造成直接伤害的原因（或物体）是比较容易掌握的，这是由于它所产生的某种后果显而易见。然而，要寻找出究竟为何原因又是经过何种过程而造成这样的结果，却非易事，因为会有种种因素同时存在，并且它们之间存在某种相互关系。因此，在制定预防措施时，应尽最大努力掌握造成事故的直接和间接原因，深入剖析其根源，防止同类事故重演。

（2）事故的偶然性、必然性和规律性。从本质上讲，伤亡事故属于在一定条件下可能发生，也可能不发生的随机事件。事故的偶然性是客观存在的，与我们是否明了现象的原因全不相干。事故是由于某种不安全因素的客观存在，随时间进程产生某些意外情况而显现的一种现象。因它或多或少地含有偶然的本质，故不容易决定它的所有规律。但在一定范畴内，用一定的科学仪器或手段，却可以找出近似的规律，从外部和表面上的联系，找到内部的决定性的主要关系。如应用偶然性定律，采用概率论的分析方法，收集尽可能多的事例进行统计处理，并应用伯努利大数定律，找出根本性的问题。这就是从偶然性中找出必然性，认

识事故发生的规律性，把事故消除在萌芽状态之中，变不安全条件为安全条件，化险为夷。这就是防患于未然、预防为主的科学意义。科学的安全管理就是从事故的合乎规律的发展中去认识它、改造它，达到安全生产。

（3）事故的潜在性、再现性、预测性和复杂性。事故往往是突然发生的。然而导致事故发生的因素即"隐患或潜在危险"是早就存在，只是未被发现或未受到重视而已。随着时间的推移，一旦条件成熟就会显现从而酿成事故，这就是事故的潜在性。事故一经发生，就成为过去。然而没有真正地了解事故发生的原因，并采取有效措施去消除这些原因，就会再次出现类似的事故，这就是事故的再现性。事故预测就是在认识事故发生规律的基础上，充分了解、掌握各种可能导致事故发生的危险因素以及它们的因果关系，推断它们发展演变的状况和可能产生的后果。事故预测的目的在于识别和控制危险，预先采取对策，最大限度地减少事故发生的可能性。事故的发生取决于人、物和环境的关系，具有极大的复杂性。

45. 事故发展的三个阶段

事故的发展，一般可归纳为三个阶段，即孕育阶段、生长阶段、损失阶段。

（1）孕育阶段。事故的发生有其基础原因，即社会因素和上层建筑方面的原因，各种设备在设计和制造过程中就潜伏着危险。这些就是事故发生的初级阶段。此时，事故处于无形阶段，人们可以感觉到它的存在，估计到它必然会出现，而不能指出它的具体形式。

（2）生长阶段。在此阶段出现企业管理缺陷，不安全状态和不安全行为得以发生，构成了生产中的事故隐患，即危险因素。这些隐患就是"事故苗子"。在这一阶段，事故处于萌芽状态，人们可以具体指出它的存在。此时有经验的安全工作者已经可以预测事故的发生。

（3）损失阶段。当生产中的危险因素被某些偶然事件触发时，就会发生事故。包括肇事人的肇事，起因物的加害和环境的影响，使事故发生并扩大，造成伤亡和经济损失。

46. 安全教育的三种主要形式

安全教育的三种主要形式是三级教育、经常性教育、特殊工种的专门训练。

（1）三级教育。三级教育是对新工人、参加生产实习的人员、参加生产劳动的学生和新调动工作的工人进行的厂、车间、班组（岗位）安全教育。三级教育是企业坚持安全教育的基本制度和主要形式。

①入厂教育：对新入厂的工人或调动工作的工人以及到厂参观实习的学员，在分配到车间或工作地点以前，必须进行下述内容的初步安全教育：本单位安全生产的一般情况，企业内特殊危险地点，一般机械、电气安全知识，预防事故的基本知识等。教育方法采取听报告、座谈、参观、展览、挂图、幻灯片和安全电影等，按一次入厂的人数、文化程度采取不同的方法。但必须切实可行，力戒内容空洞。

②车间教育：对新工人和调动工作的工人在分配到车间时进行的安全教育，即第二级安全教育。教育的内容包括车间的生产概况，安全生产情况，车间的劳动纪律和生产规则，车间的危险地段，危险机件，尘毒作业情况及安全注意事项等。教育方法一般是由安全人员谈话，实地参观，使新工人对车间的安全生产有一个大概了解。

③班组教育：新工人到了工作岗位前由班组进行的安全教育，即第三级安全教育。教育内容具体包括工段、班组安全生产概况，工作性质和职责范围；岗位工种和工作性质，机具设备的安全操作方法，工种安全防护设施的性能和作用；工作地点的环境卫生、尘源、毒气源、危险机件、危险区域以及个体防护用具的使用方法；发生事故后的安全撤退路线和紧急应急措施。教育方法一般是以老带新、师徒合同、包教包学，把安全知识和生产操作方法结合起来，经过考试合格后才能够分配正式岗位工作。

（2）经常性安全教育。经常性安全教育是职工业余学习的必修内容，应贯穿于生产活动之中。根据实践经验，教育的形式有：安全月（国务院规定每年6月为全国安全生产月）、安全活动日、班前班后会、安全会议、广播、黑板报、事故现场会、安全教育陈列室和安全电影等。

（3）特殊工种的专门训练。特殊工种的专门训练主要针对如化学分析、毒气测定、防火及一线采掘工人、爆破工、通风工、绞车司机等接触不安全因素较多的工种，用脱产或半脱产以及办培训班的方法进行专门的培训。这些特殊工种，危险性较大，又容易发生重大事故，必须对工人经过严格训练，通过考试合格后才能够准许独立操作。

47. 安全教育的三个阶段

安全教育分为安全知识教育、安全技能教育、安全态度教育三个阶段。

（1）安全知识教育是安全教育的第一个阶段，使人员掌握有关事故预防的基本知识。对于潜藏有凭人的感官不能直接感知其危险性的不安全因素的操作，对操作者进行安全知识教育尤其重要。通过安全知识教育，使操作者了解生产操作过程中潜在的危险因素及防范措施等。

（2）安全技能教育是安全教育的第二个阶段。尽管操作者已经充分掌握了安全知识，但是如果不把这些知识付诸实践，仅仅停留在"知"的阶段，则不会收到实际的效果。安全技能是通过受教育者亲身实践才能够掌握的东西。也就是说，只有通过反复的实际操作、不断地摸索而熟能生巧，才能逐渐掌握安全技能。

（3）安全态度教育是安全教育的最后阶段，也是安全教育中最重要的阶段。经过前两个阶段的安全教育，操作人员掌握了安全知识和安全技能，但是在生产操作中是否实行安全技能，则完全由个人的思想意识所支配。安全态度教育的目的，就是让操作者自觉做到"我要安全"，搞好安全生产。

48. 危险源控制的三大措施

这三大措施分别是消除危险源、限制能量或减少危险物质量、避免或减少事故损失。

49. 瓦斯抽放方法根据抽放工艺分类分为三大类

这三大类分别为钻孔法、巷道法、钻孔巷道联合法。

50. 根据是否卸压瓦斯抽放方法分为三大类

这三大类分别是未卸压抽放、采动卸压抽放、人为卸压抽放。

51. 干式抽放瓦斯泵吸气侧管路系统中，必须装设"三防"装置

"三防"是指防回气、防回火、防爆炸。

52. 井下由采区变电所、移动变电站或配电点必须装设"三大保护"

这三大保护分别是指短路保护、过负荷、漏电保护装置。

53. 瓦斯抽放必须坚持"三先三后三落实"

"三先三后三落实"是指先抽后掘、先抽后采、先采气后采煤，落实钻孔工程量、落实瓦斯抽放量、落实瓦斯抽放工程施工队伍。

54. 煤矿井下抢救伤员时必须遵守的"三先三后"原则

（1）对窒息或心跳呼吸停止不久的伤员必须先复苏后搬运。

（2）对出血伤员必须先止血后搬运。

（3）对骨折伤员必须先固定后搬运。

55. 矿井井下排水水泵分为三大类

这三大类分别是检修水泵、工作水泵、备用水泵。矿井应当配备与矿井涌水量相匹配的水泵、排水管路、配电设备和水仓等，确保矿井排水能力充足。矿井井下排水设备应当满足矿井排水的要求。除正在检修的水泵外，应当有工作水泵和备用水泵。工作水泵的能力，应当能在 20 h 内排出矿井 24 h 的正常涌水量（包括充填水及其他用水）。备用水泵的能力，应当不小于工作水泵能力的 70%。检修水泵的能力，应当不小于工作水泵能力的 25%。工作和备用水泵的总能力，应当能在 20 h 内排出矿井 24 h 的最大涌水量。排水管路应当有工作和备用水管。工作排水管路的能力，应当能配合工作水泵在 20 h 内排出矿井 24h 的正常涌水量。工作和备用排水管路的总能力，应当能配合工作和备用水泵在 20 h 内排出矿井 24 h 的最大涌水量。配电设备的能力应当与工作、备用和检修水泵的能力相匹配，能够保证全部水泵同时运转。

56. 高瓦斯矿井采掘工作面每班瓦斯浓度检查次数至少 3 次

57. 自然界的三大类岩石

组成地壳的岩石种类很多，通常按其成因可分为岩浆岩、沉积岩、变质岩三大类，它们在地壳中的分布各不相同。沉积岩分布在地壳的最表层，厚薄不均匀，是不连续分布；岩浆岩主要分布在地壳深处，变质岩则分布在地壳强烈变动区域岩浆岩周围。

58. 煤岩层产状"三要素"

煤岩层的产状要素就是确定岩层在地壳中的空间位置的几何要素，通常用走向、倾向、倾角来表示，具体如图 3-2 所示。

（1）走向。走向表示岩层在空间的水平延伸方向。岩层面与水平面的交线称为走向线，走向线两端所指的方向，即走向。

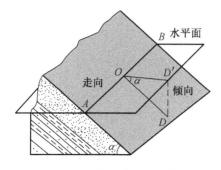

图 3 - 2　岩层的产状要素

（2）倾向。倾向表示岩层的倾斜方向，倾斜平面上与走向线相互垂直的直线称为倾斜线，倾斜线的水平投影称为倾向线，倾向线与地球子午线的夹角为倾向。

（3）倾角。倾角表示岩层的倾斜程度，它是岩层层面与水平面的夹角。

59. 煤层厚度分为三大类

根据煤层厚薄程度煤层划分的三大类：薄煤层、中厚煤层、厚煤层。其中，薄煤层：地下开采时厚度 1.3 m 以下的煤层，露天开采时厚度 3.5 m 以下的煤层。中厚煤层：地下开采时厚度 1.3 ~ 3.5 m 的煤层，露天开采时厚度 3.5 ~ 10 m 的煤层。厚煤层：地下开采时厚度 3.5 m 以上的煤层，露天开采时厚度 10 m 的煤层。

60. 断层"三要素"

岩层受力后遭到破坏，失去了连续性和完整性的构造形态称为断裂构造，断裂面两侧的岩层没有发生明显位移的断裂构造称为裂隙或节理，断裂面两侧的岩层发生了明显位移的断裂构造称为断层。断层各组成部分的名称有断层面、断盘、断层线，统称为断层的三要素，具体如图 3 - 3 所示。

（1）断层面。岩石发生断裂位移时，相对滑动的断裂面称为断层面。断

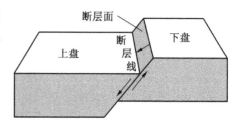

图 3 - 3　断层三要素示意图

层多数是波形起伏的曲面，少数是比较规则的平面。

（2）断盘。断层面两侧的岩体称为断盘，断层面如果是倾斜的，则断层面上方的断盘称为上盘，断层面的下方断盘称为下盘。

（3）断层线。断层面与地面的交线称为断层线。断层线有时呈直线，有时呈曲线，主要取决于断层面的形状及地形的起伏情况。断层面与煤层面的交线称为断煤交线，断层面与上盘煤层面的交线称为上盘断煤交线，与下盘煤层面的交线称为下盘断煤交线。

61. 采掘工作面"三顶"

煤层的顶底板是指在煤系中位于煤层上下一定范围内的岩层。按照沉积顺序，先于煤层沉积而形成的岩层称为煤层底板，后于煤层沉积而形成的岩层称为煤层顶板。根据顶板岩层的相对位置及开采过程中岩层变形、跨落的难易程度，可将顶板分为伪顶（假顶）、直接顶、基本顶三种（图3-4）。

（1）伪顶。指直接覆盖在工业煤层之上、力学强度低、不易形成应力拱的部分顶板岩层，在煤炭采出后极易垮落。一般是指位于煤层之上随采随落的极不稳定岩层，其厚度一般在几厘米到数十厘米，岩性多为碳质泥岩、泥岩或页岩等。

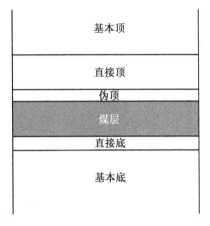

图 3-4 煤层顶板岩层

（2）直接顶。位于伪顶或煤层之上具有一定稳定性的岩层，经常是煤炭采出后不久便自行跨落，厚度一般为数米，一般由一层或数层粉砂岩、页岩、泥岩组成。工作面由开切眼推进后，随着回柱，采空区的直接顶板悬露面积逐渐增大，引起弯曲、下沉、离层直至垮落，即称为直接顶的初次垮落。直接顶的初次垮落是开采后的第一次大范围岩层垮落，矿压显现剧烈，有时甚至会造成大面积支架倾倒、工作面冒顶，因而必须加强控制。从开切眼煤壁到工作面直接顶初次垮落时切顶线的距离称为直接顶的初次垮落步距。国内外大量实践表明，直接顶初次垮落步距不受支架形式的影响，只是客观地反映了直接顶的稳定程度。

（3）基本顶。在回采完毕后，直接顶垮落一段时间后，将会垮落一整块的顶板岩石，就是基本顶，俗称"老顶"。第一次垮落时就形成了工作面初次来压，以后每隔一段距离垮落一次，就形成了周期来压。基本顶一般位于直接顶或煤层之上，是厚度较大、难以跨落的岩层，通常由砂岩、砾岩、石灰岩组成。

62. 煤矿顶板"纵三带""横三区"的划分

纵向划分为垮落带、断裂带、弯曲下沉带，称之为"纵三带"；横向上分为煤壁支撑影响区、离层区、重新压实区，称之为"横三区"。其中断裂带又可划分为严重断裂带、一般断裂带和微小断裂带，如图3-5所示。

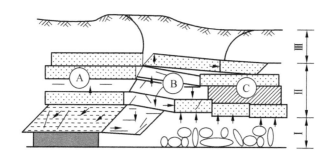

A—煤壁支撑影响区；B—离层区；C—重新压实区；Ⅰ—垮落带；Ⅱ—断裂带；

Ⅲ—弯曲下沉带

图 3-5　"横三区"与"竖三带"

63. 煤层底板岩层中的"下三带"

根据煤层底板破坏情况和岩溶水的导升情况，在工作面连续推进后，采空区下方煤层底板岩层中也可以分为三带，即所谓的"下三带"，如图 3-6 所示。

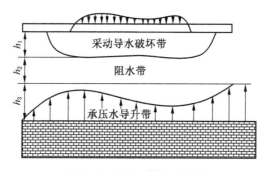

图 3-6　"下三带"示意图

（1）底板采动导水破坏带是煤层底板岩层受采动影响而产生的采动导水断裂范围，该范围内出现一系列沿层面和垂直于层面的裂缝，其深度为从煤层底板至采动破坏带最深处的法线距离。采煤工作面长度、采煤方法、煤层厚度、开采深度、顶底板岩性及结构通过影响前支撑压力而影响底板采动导水破坏带深度，其高度为 h_1。

（2）底板阻水带是位于煤层底板采动导水破坏带以下、底部含水体以上具有阻水能力的岩层范围，其高度为 h_2。

（3）底板承压水导升带指煤层底板承压含水层的水在矿压作用下上升到其

顶板岩层中的范围，其上升的高度为 h_3。

64. "三直、两平、一净、两畅通"

综采工作面在割煤过程中的要求：煤壁要直、支架要直、刮板输送机要直，称之为"三直"。综采工作面在割煤过程中要做到底板要平和顶板要平，称之为"两平"；支架前浮煤要清理干净，不得遗留在采空区，以防采空区浮煤自燃，称之为"一净"；工作面出口与入口要畅通，称之为"两畅通"。

65. 地质构造的三种类型

地质构造的形态多种多样，概括起来可分为单斜构造、褶曲构造和断裂构造。

（1）单斜构造。如果岩层在一定范围内其倾斜方向和倾角大体是一致的，则称为单斜构造。

（2）褶曲构造。褶曲有两种类型：背斜褶曲和向斜褶曲。背斜一般向上凸起，形成山岭；向斜一般向下凹陷，形成谷地。

（3）断裂构造。断裂构造是指岩石因受地壳内的动力，沿着一定方向产生机械破裂，失去其连续性和整体性的一种现象。断裂构造是岩石破裂的总称，包括劈理、节理、断层、深大断裂和超壳断裂等。

66. 应力三带

采煤机在破煤过程中，煤层的原有应力平衡被破坏，在煤壁前方的煤体内，

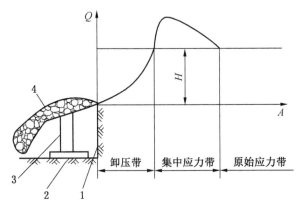

1—煤壁；2—底板；3—液压支架；4—垮落的顶板

图 3-7　应力集中带和卸压带的分布

产生 3 个应力带（图 3 - 7），即卸压带、集中应力带和原始应力带。在卸压带（长度一般为 3 ~ 5 m）中，煤层的透气性增大，地应力与瓦斯压力都大大降低，大量吸附在煤层中的瓦斯都沿着煤层的裂隙释放到工作面，从而导致工作面瓦斯涌出量增加。

67. 井工煤矿的三种井型

根据矿井生产能力的不同，我国把矿井划分为大、中、小三种类型。

（1）大型矿井：矿井设计生产能力为 120 万 t/a、150 万 t/a、180 万 t/a、240 万 t/a、300 万 t/a、400 万 t/a、500 万 t/a 及 500 万 t/a 以上的矿井。其中，把 300 万 t/a 以上的矿井称为特大型矿井。

（2）中型矿井：矿井设计生产能力为 45 万 t/a、60 万 t/a、90 万 t/a。

（3）小型矿井：矿井设计生产能力为 9 万 t/a、15 万 t/a、21 万 t/a、30 万 t/a。

矿井井型的大小直接关系到基建规模和投资多少，影响到矿井整个生产时期的技术经济面貌。正确的确定井型是矿区总体设计和矿井设计的一个重要问题。

68. 矿山井巷的三大分类

矿山开采需要在地下煤岩层中开凿大量的井巷和硐室。这些井巷种类很多。

（1）按巷道的空间形状和位置可分为垂直巷道、水平巷道和倾斜巷道。其中垂直巷道主要有立井、暗立井、溜井；水平巷道主要有平硐、石门、煤门、平巷、硐室；倾斜巷道主要有斜井、暗斜井、上山、下上等。

（2）按巷道的服务范围分类可分为开拓巷道、准备巷道、回采巷道。其中开拓巷道主要是指为全矿井或一个开采水平服务的巷道，如主副井和风井、井底车场、主要石门、阶段运输和回风大巷、采区回风和采区运输石门等井巷，以及掘进这些巷道的辅助巷道都属于开拓巷道；准备巷道是指为采区、一个以上区段、分段服务的运输、通风巷道，如采区上（下）山、区段集中巷、区段石门、采区车场等；回采巷道是指形成采煤工作面及其服务的巷道，如采煤工作面的开切眼、区段运输平巷和区段回风平巷等。

69. 常用的三种特殊凿井法

根据施工方法及地层赋存条件的不同，井巷（井筒或巷道）施工分为普通施工法和特殊凿井法。特殊凿井法是在不稳定或含水量很大的地层中，采用非钻爆法的特殊技术与工艺的凿井方法，通常采用有冻结法凿井、钻井法凿井、注浆凿井法凿井。

（1）冻结法凿井。在开凿井筒前，将井筒周围含水层用人工制冷方法冻结成封闭的圆筒形冻结壁，以抵抗地压并隔绝地下水与井筒的联系，在冻结壁的保护下进行掘砌作业。1862年英国首先将人工制冷方法用于基础工程。1883年德国最早用人工冻结法开凿立井。目前，英国冻结深度已达930 m。1955年，中国首次在开滦林西煤矿开凿风井中应用。冻结法是特殊凿井的主要方法之一，虽然需用设备较多，工期长，工作条件较差，成本较高，但安全可靠，施工技术较成熟，也可用于其他地下工程。

（2）钻井法凿井。利用大型钻井机直接钻凿立井的方法，可从小到大分次或一次钻凿出设计要求的井筒。在钻进的同时，利用循环泥浆冲洗钻具、带出岩屑，并借泥浆的静压力保护井帮以防其塌落。钻至设计深度后，提起钻具再下沉井壁和壁后充填。此法适用于各种复杂地层。

（3）注浆凿井法凿井。在裂隙含水岩层或较薄含水粗砂层中，用注浆机具经钻孔注入一种或几种胶结性浆液，堵塞裂隙或固结砂层，在井筒周围形成一个隔水的和有足够强度的帷幕，在它保护下进行井筒掘砌。1864年，德国首次采用水泥注浆，解决了砖井壁的漏水问题。1900年，荷兰约斯滕（Joosten）应用水玻璃和氯化钙进行双液注浆，创造了化学注浆法。20世纪50年代以来，美、日、苏等国相继研制出多种新型化学注浆材料，如以丙烯酰胺为主剂的AM–9、聚氨酯等。中国在20世纪50年代初开始大量使用注浆法，60年代以来研制出多种化学注浆材料、专用注浆泵、止浆塞和测试仪表等。注浆法施工简便，对治理矿井水害、加固岩体、防渗抗漏等快速有效，有利于实现打干井。

70. 钻眼爆破的三种常用方法

根据炮眼深度与直径的不同，我国矿山将钻眼爆破法分为浅孔爆破法、中深孔爆破法和深孔爆破法。

（1）浅孔爆破法。炮眼直径小于50 mm、深度小于2 m时称为浅孔爆破法，多用于井巷工程。

（2）中深孔爆破法。炮眼直径小于50 mm、深度2～4 m称为中深孔爆破，多用于井筒及大断面硐室掘进。

（3）深孔爆破法。炮眼直径大于50 mm、深度大于5 m称为深孔爆破，主要用于井筒及溜煤眼、大断面硐室及露天矿开采的台阶爆破。

71. 长壁工作面采煤工艺的三大分类

目前，我国长壁采煤工作面采用炮采、普采和综采三种采煤工艺方式。

（1）爆破采煤工艺，简称"炮采"，其特点是爆破落煤，爆破及人工装煤，机械化运煤，用单体支柱支护工作面空间顶板。

（2）普通机械采煤工艺，简称"普采"，其特点是用采煤机械同时完成落煤和装煤工序，而运煤、顶板支护和采空区处理与炮采工艺基本相同。

（3）综合机械化采煤工艺，简称"综采"，即破、装、运、支、处五个主要生产工序全部实现机械化，因此综采是目前最先进的采煤工艺。世界先进的煤炭生产国，凡以长壁为主的都已全部或大部分实现综合机械化采煤。

72. 液压支架的三大分类

我国液压支架的研制工作发展很快，从基本上依靠进口，发展到自行设计、自行制造，而且品种繁多、功能齐全、质量可靠。按架型结构与围岩关系可分为：

（1）掩护式。掩护式又可分为支撑掩护式、支顶掩护式。

（2）支撑掩护式。支撑掩护式又可分为支顶支掩支撑掩护式、支顶支撑掩护式。

（3）支撑式。支撑式可分为节式支架、垛式支架。

73. 矿井火灾三要素

矿井火灾三要素指热源、空气、可燃物。

74. 井下常见的三类灭火方法

根据火灾火势大小的不同特点，通常将煤矿井下灭火方法分为直接灭火法、隔绝灭火法和综合灭火法 3 类。

（1）直接灭火法。用水、惰气、高泡、干粉、砂子（岩粉）等，在火源附近或离火源一定距离直接扑灭地下矿山火灾。

（2）隔绝灭火法。隔绝灭火法又叫隔绝窒息灭火，就是在通往火区的所有巷道内构筑防火墙（防火墙可以分为临时防火墙和永久防火墙），将风流全部隔断，制止空气的供给，使地下矿山火灾逐渐自行熄灭。这是一种消极灭火方法，多用于处理大面积火灾，特别是控制火灾的发展。

（3）综合灭火法。实践证明，单独使用直接灭火法或者是隔绝灭火法时，往往需要很长的时间，特别是在密闭质量不高、漏风较大的情况下，可能达不到预期目的，还要采取其他措施，如向火区灌浆、惰性气体或均压等手段，加速火灾熄灭，这就叫作综合灭火法。

75. 煤层自燃的三个条件

煤层自燃火灾形成必须具备的三个条件是：①具有自燃倾向性的煤呈破碎堆积状态；②存在适宜的通风供氧条件；③存在蓄热条件并持续一定的时间。以上三个条件是煤层自燃的必要条件。

76. 煤炭自燃的三个阶段

为了探索煤炭自燃的机理，国内外不少专家学者对此做了不懈的努力和探索，并提出了许多假说，如黄铁矿作用学说、细菌作用学说、酚基作用学说、煤氧复合作用学说等。目前，煤氧复合作用学说，已经被较多的人们所接受。按照煤氧复合作用学说，煤层自燃发展过程一般分为潜伏期、自热期、自燃期三个阶段。

（1）潜伏期。自煤层被开采接触空气至煤温开始升高为止的时间区间称之为潜伏期，也叫潜伏阶段、低温氧化阶段、准备阶段。在潜伏期，煤与氧的作用是以物理吸附为主，放热很小，无宏观效应。经过潜伏期后的煤燃点降低，表面颜色变暗。

（2）自热期。经过潜伏阶段后，煤的氧化速度增加，不稳定的氧化物先后分解成水、CO_2 和 CO，氧化产生的热量较大，如果来不及散热，煤温逐渐升高。当温度超过临界温度以上时，氧化急剧加快，煤开始出现干馏，生成 H_2、CO、CO_2 以及烃类、芳香族等碳氢化合物。这一阶段为煤的自热阶段，又称自热期。

（3）自燃期。自热阶段后期，煤呈炽热状态，煤体温度达到着火温度以上时便着火。若得到充分的供氧，则发生燃烧，出现明火，这时会出现大量的高温烟雾，若达到自燃点，但供氧不足，则只有烟雾而无明火，此过程称为阴燃，阴燃与明火燃烧稍有不同，CO 多于 CO_2，温度也较明火燃烧低。

77. 采空区"自燃三带"

采空区煤炭之所以可以自燃，是因为有漏风这个氧气供给提供氧化剂，而自燃往往就发生在漏风的通道内。由于漏风通道在采空区内呈现出带状分布，我们通常划分为三带，分别是散热带、自燃带、窒息带，以单一煤层长壁工作面全部跨落采煤法为例。

（1）散热带，又叫冷却带、中性带、不燃带。在靠近采煤工作面采空区内，顶板放顶时间不久，垮落岩石处于松散堆积状态，漏风强度大，无聚热条件，且采空区浮煤与空气接触时间短，无自燃条件。

（2）自燃带，又叫氧化带。由散热带向采空区方向延伸，顶板垮落岩石逐渐压实，漏风强度减弱，浮煤氧化产生的热量易于积聚，浮煤与空气接触时间较长，没有可能自燃。在氧化带，一氧化碳浓度逐渐增长而氧浓度降低。自燃带的宽度取决于采煤工作面的风压、垮落岩石的压实程度。一般自散热带向采空区延伸 25～60 m。

（3）窒息带。由自燃带向采空区方向延伸的空间，顶板垮落岩石已经压实，漏风基本消失，氧浓度进一步降低，甚至达到失燃临界值，浮煤氧化停止。即使在氧化带浮煤发生自燃，进入窒息带后也会由于缺氧而熄灭。

采空区自燃三带随着工作面的推进而前移，防火的主要地带就是自燃带，且自燃带越宽，工作面推进速度越慢，越易自燃。一般控制自燃的方法主要有预防性灌浆、注氮、加快回采工作面推进度、降低工作面两端风压差等。

78. 煤层根据自然发火周期不同分为三大类

这三大类分别为容易自燃煤层、自燃煤层、不易自燃煤层。

79. 矿井通风的三种方式

矿井通风方式是指矿井进风井和出风井的布置方式。选择矿井通风方式一般根据煤层瓦斯含量高低、煤层埋藏深度和赋存条件、冲击层厚度、煤层自燃倾向性、小窑塌陷漏风情况、地形地貌状态以及开拓方式等因素综合考虑确定，目前主要有以下三种通风方式：

（1）中央式通风是指进风井和回风井大致位于井田走向的中央，中央式通风又分为中央并列式和中央边界式两种形式。

（2）对角式通风是指进风井位于井田中央，回风井分别位于井田浅部走向两翼边界采区的中央，对角式通风又分为两翼对角式和分区对角式两种形式。

（3）混合式通风是大型矿井和老矿井进行深部开采时常用的一种通风方式。一般进风井和回风井由 3 个或 3 个以上井筒或斜井按（1）、（2）两种方式组合而成，分为中央分列与对角混合式、中央并列与对角混合式、中央并列与中央分列混合式三种形式。

80. 局部通风机常用的三种通风方式

利用局部通风机作动力,通过风筒导风的通风方法称局部通风机通风,它是目前局部通风最主要的方法。常用通风方式:压入式、抽出式和混合式。

(1) 压入式通风。局部通风机布置方式如图3-8所示,局部通风机及其附属装置安装在离掘进巷道口10 m以外的进风侧,将新鲜风流经风筒输送到掘进工作面,污风沿掘进巷道排出。

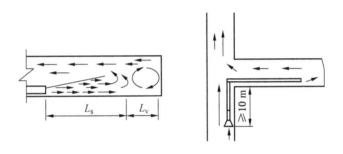

图3-8　压入式通风布置示意图

(2) 抽出式通风。局部通风机布置如图3-9所示,局部通风机安装在离掘进巷道10 m以外的回风侧,新风沿巷道流入,污风通过风筒由局部通风机抽出。

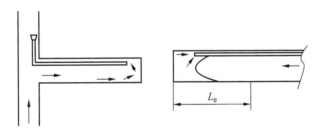

图3-9　压入式通风布置示意图

(3) 混合式通风。混合式通风是压入式和抽出式两种通风方式的联合运用,兼有压入式和抽出式两者优点,其中压入式向工作面供新风,抽出式从工作面排出污风。按局部通风机和风筒的布设位置,分为:长压短抽、长抽短压和长抽长

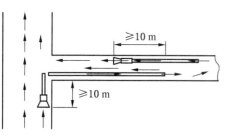

图 3 - 10　混合式通风布置示意图

压；按抽压风筒口的位置关系，每种方式又有前抽后压和前压后抽两种方式，具体布置方式如图 3 - 10 所示。混合式通风的主要特点：①通风是大断面长距离岩巷掘进通风的较好方式；②主要缺点是降低了压入式与抽出式两列风筒重叠段巷道内的风量，当掘进巷道断面大时，风速就更小，则此段巷道顶板附近易形成瓦斯层状积聚。

压入式和抽出式通风的比较：①压入式通风时，局部通风机及其附属电气设备均布置在新鲜风流中，污风不通过局部通风机，安全性好；而抽出式通风时，含瓦斯的污风通过局部通风机，若局部通风机不具备防爆性能，则非常危险。②压入式通风风筒出口风速和有效射程均较大，可防止瓦斯层状积聚，且因风速较大还可提高散热效果。然而，抽出式通风有效吸程小，掘进施工中难以保证风筒吸入口到工作面的距离在有效吸程之内。与压入式通风相比，抽出式风量小，工作面排污风所需时间长、速度慢。③压入式通风时，掘进巷道涌出的瓦斯向远离工作面方向排走，而用抽出式通风时，巷道壁面涌出的瓦斯随风流向工作面，安全性较差。④抽出式通风时，新鲜风流沿巷道流向工作面，整个井巷空气清新，劳动环境好；而压入式通风时，污风沿巷道缓慢排出，当掘进巷道越长，排污风速度越慢，受污染时间越久。⑤压入式通风可用柔性风筒，其成本低、重量轻，便于运输，而抽出式通风的风筒承受负压作用，必须使用刚性或带刚性骨架的可伸缩风筒，成本高，重量大，运输不便。

81. 矿井瓦斯的三个等级

矿井瓦斯等级分为瓦斯矿井、高瓦斯矿井、煤（岩）与瓦斯（二氧化碳）突出矿井。

（1）低瓦斯矿井：矿井相对瓦斯涌出量小于或等于 10 m^3/t 且矿井绝对瓦斯涌出量小于或等于 40 m^3/min。

（2）高瓦斯矿井：矿井相对瓦斯涌出量大于 10 m^3/t 或者矿井绝对瓦斯涌出量大于 40 m^3/min。

（3）煤（岩）与瓦斯（二氧化碳）突出矿井：矿井在采掘过程中，只要发生过一次煤（岩）与瓦斯（二氧化碳）突出，该矿井即定为煤（岩）与瓦斯（二氧化碳）突出矿井。

《煤矿安全规程》规定：每年必须对矿井瓦斯等级和二氧化碳的涌出量鉴定。

82. 构造煤的三大种类

构造煤根据其结构形式不同分为糜棱煤、碎裂煤、碎粒煤三大种类。与构造煤相对应的是原始结构煤。

83. 预测煤巷掘进工作面突出危险性常用的三方法

煤巷掘进工作面突出危险性预测常用钻屑指标法、复合指标法、R 值指标法三种方法。

（1）采用钻屑指标法预测煤巷掘进工作面突出危险性时，在近水平、缓倾斜煤层煤层工作面应向前方煤体至少施工 3 个、在倾斜或急倾斜煤层至少施工 2 个直径 42 mm、孔深 8～10 m 的钻孔，测定钻屑瓦斯解吸指标和钻屑量。

钻孔应尽可能布置在软分层中，一个钻孔位于掘进巷道断面中部，并平行于掘进方向，其他钻孔的终孔点应位于巷道断面两侧轮廓线外 2～4 m 处。

钻孔每钻进 1 m 测定该 1 m 段的全部钻屑量 S，每钻进 2 m 只是测定该 1 m 段的全部钻屑量 S，每钻进 2 m 只是测定一次钻屑瓦斯解吸指标 K_1 或 Δh_2 值。

各煤层采用钻屑指标法预测煤巷掘进工作面突出危险性的指标临界值应根据试验考察确定，在确定前可暂按表 3-1 的临界值确定工作面的突出危险性。

表 3-1 钻屑指标法预测煤巷掘进工作面突出危险性参考临界值

钻屑瓦斯解吸指标 $\Delta h_2/\mathrm{Pa}$	钻屑瓦斯解吸指标 $K_1/(\mathrm{mL \cdot g^{-1} \cdot min^{-\frac{1}{2}}})$	钻屑量 S	
		$(\mathrm{kg \cdot m^{-1}})$	$(\mathrm{L \cdot m^{-1}})$
200	0.5	6	5.4

如果实测得到的 S、K_1 或 Δh_2 的所有测定值均小于临界值，并且未发现其他异常情况，则该工作面预测为无突出危险工作面；否则，为突出危险工作面。

（2）采用复合指标法预测煤巷掘进工作面突出危险性时，在近水平、缓倾斜煤层工作面应当向前方煤体至少施工 3 个、在倾斜或急倾斜煤层至少施工 2 个直径 42 mm、孔深 8～10 m 的钻孔，测定钻孔瓦斯涌出初速度和钻屑量指标。

钻孔应当尽量布置在软分层中，一个钻孔位于掘进巷道断面中部，并平行于掘进方向，其他钻孔开孔口靠近巷道两帮 0.5 m 处，终孔点应位于巷道断面两侧轮廓线外 2~4 m 处。

钻孔每钻进 1 m 测定该 1 m 段的全部钻屑量 S，并在暂停钻进后 2 min 内测定钻孔瓦斯涌出初速度 q。测定钻孔瓦斯涌出初速度时，测量室的长度为 1.0 m。

各煤层采用复合指标法预测煤巷掘进工作面突出危险性的指标临界值应根据试验考察确定，在确定前可暂按表 3-2 的临界值进行预测。如果实测得到的指标 q、S 的所有测定值均小于临界值，并且未发现其他异常情况，则该工作面为无突出危险工作面；否则，为突出危险工作面。

表 3-2　复合指标法预测煤巷掘进工作面突出危险性参考临界值

钻孔瓦斯涌出初速度 $q/(\text{L} \cdot \text{min}^{-1})$	钻屑量 S	
	$(\text{kg} \cdot \text{m}^{-1})$	$(\text{L} \cdot \text{m}^{-1})$
5	6	5.4

（3）采用 R 值指标法预测煤巷掘进工作面突出危险性时，在近水平、缓倾斜煤层工作面应向前方煤体至少施工 3 个、在倾斜或急倾斜煤层至少施工 2 个直径 42 mm、孔深 8~10 m 的钻孔，测定钻孔瓦斯涌出初速度和钻屑量指标。钻孔应当尽可能布置在软分层中，一个钻孔位于掘进巷道断面中部，并平行于掘进方向，其他钻孔的终孔点应位于巷道断面两侧轮廓线外 2~4 m 处。钻孔每钻进 1 m 收集并测定该 1 m 段的全部钻屑量 S，并在暂停钻进后 2 min 内测定钻孔瓦斯涌出初速度 q。测定钻孔瓦斯涌出初速度时，测量室的长度为 1.0 m。

根据每个钻孔的最大钻屑量 S_{max} 和最大钻孔瓦斯涌出初速度 q_{max} 按式（3-1）计算各孔的 R 值：

$$R = (S_{max} - 1.8)(q_{max} - 4) \tag{3-1}$$

式中　S_{max}——每个钻孔沿孔长的最大钻屑量，L/m；

　　　q_{max}——每个钻孔最大钻孔瓦斯涌出初速度，L/min。

判定各煤层煤巷掘进工作面突出危险性的临界值应根据试验考察确定，在确定前可暂按以下指标进行预测；当所有钻孔的 R 值小于 6 且未发现其他异常情况时，该工作面可预测为无突出危险工作面；否则，判定为突出危险工作面。

84. 瓦斯爆炸的三个条件

瓦斯虽然具有爆炸性，但并不是在任何条件下都可以发生爆炸，瓦斯爆炸必须同时具备三个条件：①空气中瓦斯的浓度是 5%~16%；②温度是一般为 650~

750 ℃；③氧气浓度不低于12%。三个条件缺一不可。

85. 三人连锁爆破

在煤矿井下从事爆破作业时必须坚持"三人连锁爆破"制，"三人连锁爆破"制是指：爆破前爆破工将警戒牌交给班组长，由班组长派人设警戒，下达爆破分命令，并检查顶板与支架情况，将自己携带的爆破命令牌交给瓦检员，瓦检员经检查瓦斯、煤尘合格后，将自己携带的爆破牌交给爆破工，爆破工发出放口哨后进行爆破，爆破后三牌各归原主，爆破现场必须填写"三人连锁放炮"制交接表。

86. 瓦斯检查的"三对口"

瓦斯检查员在对瓦斯的检查过程中，以下三方面填写的有关情况和数据要完全一致，而不能出现相互矛盾、遗漏等现象：

（1）井下检查地点吊挂的瓦斯检查牌板。

（2）瓦斯检查员随身携带的瓦斯检查记录本。

（3）地面通风调度的瓦斯台账。

87. 采空区"瓦斯涌出三带"

根据采空区瓦斯涌出的规律，采空区的瓦斯涌出大致可以分为涌出带、过渡带、滞留带，如图3-11所示。

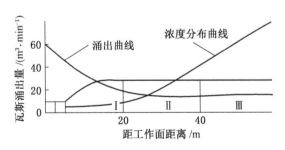

Ⅰ—涌出带；Ⅱ—过渡带；Ⅲ—滞留带

图3-11 采空区瓦斯涌出规律示意图

88. 排放瓦斯"三原则"

在排放局部瓦斯时，通常必须坚持断电、撤人、限量的三原则。

（1）撤人：受瓦斯排放影响范围内的所有人员必须全部撤出。

（2）断电：受瓦斯排放影响范围内的所有电气设备必须全部断电。

（3）限量：瓦斯排放必须有限量措施，严禁一风吹。

89. 供电"三大保护"

煤矿井下供电系统必须有过电流保护、漏电保护、接地保护，称之为"三大保护"，以保证人员设备的安全。

（1）过电流保护。过电流是指电气设备或电缆的实际工作电流超过其额定电流值。通常过电流会使设备绝缘老化，降低设备的使用受命、烧毁电气设备、引发电气火灾，引起瓦斯煤尘爆炸。常见的过电流现象有短路、过负荷和断相。设置过流保护的目的就是在线路或电气设备发生过电流故障时，能及时切断电源防止过电流故障引发电气火灾、烧毁设备等现象的发生。过电流保护包括短路保护、过负荷保护、断相保护等。

（2）漏电保护。井下常见的漏电故障分为集中性漏电和分散性漏电两种。集中性漏电是指电网的某一处因绝缘破损导致漏电，约占井下漏电的 85% 以上。分散性漏电是因淋水、潮湿导致电网中某段线路或某些设备绝缘下降至危险值而形成的漏电。漏电会导致人体触电，引起瓦斯、煤尘爆炸，提前引爆电雷管，引起电气火灾等。设置漏电保护的作用就是监视电网的绝缘、能够迅速切断漏电故障线路的电源，防止漏电故障引发各种危害或者起到补偿电容电流的作用。

（3）接地保护。设置接地保护，可有效地防止因设备外壳带电引起的人体触电事故，如果不设接地保护，当人体触及因某一相绝缘破损而带电的设备外壳时，电流将通过人体入地，经其他两相对地绝缘电阻及电网对地电容流回电网，通过人体的电流可能超过极限安全电流 30 mA，从而导致人体触电事故。

90. 安全供电"三全"

为确保煤矿井下供电安全可靠，要求井下供电必须保护装置全、绝缘用具全、图纸资料全，称之为"三全"。这"三全"是防止发生人身触电等意外事故，加强电气设备管理和电气技术管理，正常指挥生产，防止各种电气事故的重要措施。

91. 三专两闭锁

《煤矿安全规程》规定，为防止煤矿井下掘进工作面因停电、停风而造成的瓦斯爆炸、瓦斯窒息等事故的发生。井工矿井对局部通风机供电采用专用变压器、专用开关、专用线路,称之为"三专",以确保供电相对稳定,保证停头不停风;"两闭锁"指的是风电闭锁和甲烷电闭锁。

92. "三违"

煤矿安全生产过程中严禁违章指挥、违章作业、违反劳动纪律,简称为"三违"。其中,违章指挥主要是指生产经营单位的生产经营者违反安全生产方针、政策、法律、条例、规程、制度和有关规定指挥生产的行为;违章作业主要是指现场操作工人违反劳动生产岗位的安全规章和制度(如安全生产责任制、安全操作规程、工人安全守则、安全用电规程、交接班制度等以及安全生产通知、决定等)的作业行为;违反劳动纪律主要是指工人违反生产经营单位的劳动规则和劳动秩序(即违反单位为形成和维持生产经营秩序、保证劳动合同得以履行,以及与劳动、工作紧密相关的其他过程中必须共同遵守的规则)的行为。

93. 三同时

《安全生产法》规定,生产经营单位新建、改建、扩建工程项目(以下统称建设项目)的安全设施,必须与主体工程同时设计、同时施工、同时投入生产和使用,称之为"三同时"原则。

94. 三并重原则

管理、装备、培训,是我国煤矿安全生产长期实践经验的总结,是安全生产的三大支柱,称之为安全管理的"三并重"原则。坚持管理、装备、培训"三并重"原则,就是要把安全生产建立在加强科学管理、依靠科技进步、提高劳动者素质的基础上。

95. 三大规程

煤矿安全作业过程中必须坚持执行好"三大规程",分别是《煤矿安全规程》、作业规程、操作规程,而且必须要求所有作业人员进行贯彻学习。

96. 三超

煤矿生产过程中严禁超能力、超强度、超定员生产,称之为"三超"。超能力生产是指煤矿有下列情形之一的生产：①矿井全年产量超过矿井核定生产能力；②矿井月产量超过当月产量计划 10%；③一个采区内同一煤层布置 3 个（含 3 个）以上回采工作面或 5 个（含 5 个）以上掘进工作面同时作业。超强度生产是指未按规定制定主要采掘设备、提升运输设备检修计划或者未按计划检修的煤矿生产。超定员生产是指煤矿企业未制定下井劳动定员或者实际入井人数超过规定人数的生产。

97. 三不生产

"三不生产"原则是指不安全不生产、事故隐患不排除不生产、规程措施不落实不生产。

98. 矿井三量

为了及时掌握和检查各矿井的采掘关系，按开采准备程度，将可采储量中已经进行开拓准备的那部分储量分为开拓煤量、准备煤量和回采煤量，即三量。三量平衡对于正常生产有现实的意义。

（1）开拓煤量是指在矿井可采储煤范围内已完成设计规定的主井、副井、风井、井底车场、主要石门、集中运输大巷、集中下山、主要溜煤眼和必要的总回风巷等开拓掘进工程所构成的煤储量，并减去开拓区内地质及水文地质损失、设计损失量和开拓煤量可采期内不能回采的临时煤柱及其他开采量。

（2）准备煤量是指在开拓煤量范围内已完成了设计规定所必须的采区运输巷、采区回风巷及采区上（下）山等掘进工程所构成的储煤量，并减去采区内地质及水文地质损失、开采损失及准备煤量可采期内不能开采的煤量。

（3）回采煤量是指在准备煤量范围内，按设计完成了采区中间巷道（工作面运输巷、回风巷）和回采工作面开切眼等巷道掘进工程后所构成的储煤量，即只有安装设备后便可进行正式回采的煤量。

99. 三视图

主视图、俯视图、左视图三个基本视图被称为三视图。其中要求：主视图和俯视图的长要相等，主视图和左视图的高要相等，左视图和俯视图的宽要相等。

100. 煤矿职工三不伤害

在煤矿员工作业过程中要严格做到不伤害自己、不伤害别人、不被别人伤害，称之为"三不伤害"。

101. 雨季三防

进入夏季以后，煤矿经常会受到洪水、雷电等自然因素的影响。因此，根据夏季的自然特征将防洪、防排水、防雷电称为煤矿"雨季三防"，作为重点进行防治，以确保煤矿的安全生产。

102. 冬季三防

为了确保冬季安全生产工作顺利进行，根据当地冬季的特点，特别制定"冬季三防"（防火、防冻/防寒、防煤气中毒）安全措施，以保证冬季施工安全。

103. 三带三禁

入井人员必须戴安全帽、随身携带自救器和矿灯（"三带"）；严禁携带烟草和点火物品，严禁穿化纤衣服，入井前严禁喝酒（"三禁"）。

104. 三废一噪

在煤矿作业的过程中，将受到不同程度的放射性固态、液态、气态的废物污染以及在生产过程中产生的噪声污染，称之为"三废一噪"。

105. 三源

在煤矿井下往往存在不同程度的危险源、重大危险源、隐患源。为了能够实现矿井的长治久安，我们必须在它们的萌芽状态一举灭掉。

（1）危险源是指一个系统中具有潜在能量和物质释放危险的，可造成人员伤害、财产损失或环境破坏的，在一定的触发因素作用下可转化为事故的部位、区域、场所、空间、岗位、设备及其位置。它的实质是具有潜在危险的源点或部位，是爆发事故的源头，是能量、危险物质集中的核心。危险源存在于确定的系统中，不同的系统范围，危险源的区域也不同。

（2）重大危险源是指长期地或者临时的生产、搬运、使用或者储存危险品，且危险物品的数量等于或者超过临界量的单元（包括场所和设施）。

（3）事故隐患源，是指生产经营单位违反安全生产法律、法规、规章、标准、规程和安全生产管理制度的规定，或者因其他因素在生产经营活动中存在可能导致事故发生的物的危险状态、人的不安全行为和管理上的缺陷。它是引发安全事故的直接原因。

事故隐患源与危险源不是等同的概念，事故隐患源是指作业场所、设备及设施的不安全状态，人的不安全行为和管理上的缺陷。它实质是有危险的、不安全的、有缺陷的"状态"，这种状态可在人或物上表现出来，如人走路不稳、路面太滑都是导致摔倒致伤的隐患；也可表现在管理的程序、内容或方式上，而危险源是指可能导致伤害或疾病、财产损失、工作环境破坏或这些情况组合的根源或状态。

106. 三宝

煤矿工人进入施工现场必须戴安全帽，在登高作业时候必须系安全带，在特殊的高空作业时候还必须吊挂安全网，来确保人员设备的安全。因此，我们称安全帽、安全带、安全网为救命"三宝"。目前，这三种防护用品都有产品标准。在使用时，应根据建筑施工要求来选择产品。

107. 三警戒

为了确保井下爆破作业安全，在井下爆破作业前，班组长必须亲自布置专人在警戒线和可能进入爆破地点的所有通道上担任警戒工作，警戒人员必须在安全地点警戒。警戒线处应设置警戒牌、栏杆或拉绳。起爆地点到爆破地点的距离必须在作业规程中具体规定。爆破警戒要求：人员全部撤离到警戒线以外并设专人警戒，班组长负责警戒人员的安置和撤除，对所有可能通向爆破地点的通路上，逐个设置警戒人、网、牌"三警戒"。

108. 矿井采掘工作面采用钻探方法，必须坚持的"三专"原则

矿井采掘工作面探放水应当采用钻探方法，必须坚持由专业人员、专职探放水队伍和使用专用探放水钻机（"三专"）进行施工作业。同时应当配合其他方法（如物探、化探和水文地质试验等）查清采掘工作面及周边老空水、含水层富水性以及地质构造等情况，确保探放水的可靠性。

109. 煤层瓦斯抽放的难易程度分为三大类

这三大类分别为容易抽放、可以抽放、较难抽放，具体见表3-3。

表 3 - 3　煤层瓦斯抽放难易程度表

类别	钻孔流量衰减系数/d^{-1}	煤层透气性系数/(m^2·MPa^{-2}·d^{-1})
容易抽放	<0.003	>10
可以抽放	0.003~0.05	10~0.1
较难抽放	>0.05	<0.1

110. 刮板输送机安装要"三平""三直"

"三平"：溜槽口要平；电机与减速机底座要平；对轮中心线接触要平。

"三直"：机头、溜槽、机尾要直；电机与减速机中心线要直；链轮要直。

111. 瓦斯的三大特性

（1）是无色、无味、无臭的气体，比空气轻，常聚积在巷道顶部。

（2）对人畜有窒息作用。

（3）具有燃烧性和爆炸性。

112. 验电的三步骤

（1）验电前先在有电设备上试验，证明验电器（笔）良好。

（2）验电时必须使用电压等级适合且试验日期有效的验电器（笔），并应在检修设备进出线两侧各相分别验电。

（3）高压验电必须戴绝缘手套。

113. 测量绝缘电阻时选用兆欧表的三原则

（1）当电气设备的额定电压在 380 V 及以下时，使用 500 V 兆欧表。

（2）当电气设备的额定电压在 660 V 及以下时，使用 1000 V 兆欧表。

（3）当额定电压为 1000 V 及以上时，使用 2500 V 兆欧表。

114. 安全检查的三个对象

（1）检查物的不安全状态。

（2）检查人的不安全行为。

（3）检查环境的不安全因素。

115. 井下容易产生瓦斯积聚的三处地点

（1）停风的采掘工作面，特别是掘进工作面。

（2）停风的盲巷内。

（3）巷道冒顶的顶部及风速低于《煤矿安全规程》规定的风速下限值的巷道顶部。

116. 防止冲击地压采用降低压力集中程度措施的三种做法

（1）提前开采保护层。

（2）无煤柱开采。

（3）合理安排开采顺序。

117. 防止冲击地压采用改变煤层的物理力学性能的三种做法

（1）高压注水：通过钻孔向顶板注压力水，一方面起软化作用，促使坚硬顶板改变物理力学性质；另一方面对顶板有压裂作用，能使坚硬顶板变为易垮落顶板。

（2）松动爆破：为了减少采空区大面积悬顶对采场及人身威胁，向煤层顶板打深钻孔并进行爆破，从而使坚硬完整的顶板离层、开裂以致软化。

（3）钻孔卸压：冲击地压区实施卸压钻孔，对防止冲击地压和有效保护巷道稳定起着重要作用。

118. 树脂锚杆各构件的三大作用

（1）杆体主要抗拉力，其次抗剪力。

（2）锚固剂是将钻孔孔壁岩石与杆体粘在一起。

（3）金属网可以用来维护锚杆间岩石的危害，防止松动小岩块掉落。

119. 按煤的组成及其结构性质，煤中孔隙主要分为三大类

这三类孔隙为宏观孔隙、显微孔隙、分子孔隙。

120. 按照瓦斯涌出地点和分布状况，瓦斯涌出来源主要分为三大类

这三大类分别为掘进区瓦斯、采煤区瓦斯、已采区瓦斯。

（1）掘进区瓦斯，即煤巷掘进时从煤壁和落煤中渗出的瓦斯。

（2）采煤区瓦斯，即工作面煤壁、巷壁和落煤中涌出的瓦斯。

（3）已采区瓦斯，即已采区的顶底板和浮煤中涌出的瓦斯。

121. 瓦斯在煤层中的流动状态分为三大类

瓦斯在煤层中的流动状态分为三大类：单向流动、径向流动、球向流动。

（1）单向流动。在 x、y、z 三维空间内，只有一个方向有流速，其他两个方向流速为零。薄及中厚煤层赋存的煤巷与回采工作面的煤壁内的瓦斯流动就属于单向流动，如图3-12所示。

（2）径向流动。在 x、y、z 三维空间内，在两个方向有分速度，第三个方向的分速度为零。石门、立井、钻孔垂直穿透煤层时，在煤壁内的瓦斯流动就属于径向流动，如图3-13所示。

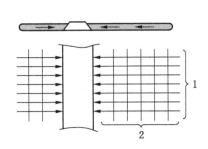

1—瓦斯流线；2—等瓦斯压力线

图3-12 煤层瓦斯单向流动示意图

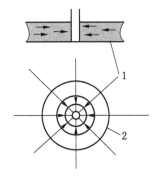

1—瓦斯流线；2—等瓦斯压力线

图3-13 煤层瓦斯径向流动示意图

（3）球向流动。瓦斯在 x、y、z 三个方向都有分速度的流动就属于球向流动。厚煤层的煤巷掘进工作面内的煤壁内、钻孔内、石门进入煤层时以及刚落的煤块中涌出的瓦斯流动就属于这一类。

122. 根据爆炸传播速度可将瓦斯爆炸分为三大类

这三大类分别为爆燃、爆炸、爆轰。

（1）爆燃：传播速度为每秒数十厘米至数米。

（2）爆炸：传播速度为每秒数十米至数百米。

（3）爆轰：传播速度超过声速，达每秒数千米。

123. 瓦斯爆炸的三大危害

瓦斯爆炸的三大危害：高温、冲击波和有害气体的产生。

1) 产生高温火焰锋面

瓦斯爆炸时，最初着火产生的火焰锋面是沿巷道运动的化学反应带和烧热的气体，其速度大（传播速度一般为 500~700 m/s）、温度高。正常的燃烧速度（1~2.5 m/s）到爆轰式传播速度（2500 m/s），焰面温度可达 2150~2650 ℃。遭遇火焰锋面的人会被烧伤，电气设备会被烧坏，支架和煤尘可能被点燃，引起井下火灾和煤尘爆炸事故，扩大灾情。瓦斯浓度在 9.5% 时，爆炸时产生的瞬时温度在自由空间内可达 1850 ℃，在封闭的空间内可达 2650 ℃。由于井下巷道是半封闭空间，其内的瓦斯爆炸温度在 1850~2650 ℃之间。

2) 形成冲击波

瓦斯爆炸产生的高温气体迅速膨胀引起气体压力骤然增大，再加上爆炸波的叠加作用，爆炸产生的冲击压力越来越高。据测定，瓦斯爆炸后产生的冲击波锋面压力由几个大气压（理论压力 9 个大气压）到 20 个大气压，前向冲击波叠加和反射时可达 100 个大气压。其传播速度总是大于声速。爆炸处的气体以每秒几百米的速度向前冲击，所到之处会造成人员伤亡，设备和通风设施损坏，巷道垮塌，冲击波还可形成反向冲击，导致连续爆炸。

3) 产生大量有毒有害气体

瓦斯爆炸后会产生大量有毒有害气体。据分析，爆炸后的气体分为：氧气，6%~10%；氮气，82%~88%；二氧化碳，4%~8%；一氧化碳，2%~4%。如此大量的一氧化碳是造成人员伤亡的主要原因。如果有煤尘参与爆炸，一氧化碳的生成量更大，危害性就更强。一氧化碳浓度达到 0.4% 时，时间持续 20~30 min，人就会中毒死亡；氧气浓度减少到 10%~12% 时，人就会失去知觉窒息死亡。统计资料表明，在发生瓦斯煤尘爆炸事故中，死于一氧化碳中毒的人数占死亡人数的 70% 以上。因此，《煤矿安全规程》规定，入井人员必须佩戴自救器。

124. 密闭前做到"三断开"

密闭前应做到电缆、管路、轨道"三断开"。

125. 突出危险性鉴定划分的三个阶段

1) 地质勘探阶段

《防治煤与瓦斯突出细则》第十五条规定，地质勘探阶段应查明矿床瓦斯地质情况。地质勘查报告应当提供煤层突出危险性的基础资料。

基础资料应当包括下列内容：

①煤层赋存条件及其稳定性；

②煤的结构类型及工业分析；

③煤的坚固性系数、煤层围岩性质及厚度；

④煤层的瓦斯含量、瓦斯成分和煤的瓦斯放散初速度等指标；

⑤标有瓦斯含量等值线的瓦斯地质图；

⑥地质构造类型及其特征、火成岩侵入形态及其分布、水文地质情况；

⑦勘探过程中钻孔穿过煤层时的瓦斯涌出动力现象；

⑧邻近煤矿的瓦斯情况。

上述基础资料中①②③项内容主要是反映煤层的赋存条件和物理、力学性质，第④⑤项内容是反映煤层瓦斯含量的大小及煤解吸瓦斯的快慢，第⑥项内容则反映煤层受到地质破坏的情况及地质复杂程度，第⑦项是反映钻孔瓦斯涌出动力现象的定性资料，第⑧项邻近矿井的瓦斯情况对评估勘探区煤层瓦斯情况及突出危险性有重要的参考价值。

2）突出危险性评估

新建矿井在可行性研究阶段，应当对矿井内采掘工程可能揭露的所有平均厚度在 0.3 m 以上的煤层进行突出危险性评估。评估结果作为矿井立项、初步设计和指导建井期间揭煤作业的依据。

3）突出危险性鉴定

经评估认为有突出危险的新建矿井，建井期间应当对开采煤层及其他可能对采掘活动造成威胁的煤层进行突出危险性鉴定。

126. 防治煤与瓦斯突出的三个原则

（1）应力释放的原则。应力释放的原则就是释放工作面附近地带较高的地应力。可以部分卸除煤层或采掘工作面前方煤体的应力，将集中应力区推移至煤体深部；部分排除煤层或采掘工作面前方煤体中的瓦斯，降低瓦斯压力，减小工作面前方瓦斯压力梯度。

（2）瓦斯排放的原则。瓦斯排放的原则就是在工作面卸压的基础上，使煤体的瓦斯得以排放，降低瓦斯压力梯度和瓦斯内能。

（3）煤体强度增加的原则。煤体结构和力学性质与发生突出的关系很大，因为煤体和煤的强度性质（抵抗破坏的能力）、瓦斯解吸和放散能力、透气性能等，都对突出发生和发展起着重要作用。一般来说，煤越硬、裂隙越小，所需的破坏力越大，要求的地应力和瓦斯压力也越高；反之亦然。因此，在地应力和瓦斯压力一定时，软煤分层易被破坏，突出往往只沿软煤分层发展。尽管在软煤分层中裂隙丛生，但裂隙的连通性差，易于在软煤分层引起大的瓦斯压力梯度，又促进了突出的发生。同时，根据断裂力学的观点，煤层中薄弱地点最容易引起地应力集中，所以煤体的破坏将从这里开始，然后再沿着整个软煤分层发展。因此，增加煤体强度对防治煤与瓦斯突出具有重要作用。

127. 钻机排渣工艺的三大分类

钻机排渣工艺的三大分类有钻具排渣、水力排渣、压风排渣。

（1）钻具排渣：利用钻杆自身带有的沟槽进行排渣，例如麻花钻杆。

（2）水力排渣：利用高压水做动力把钻头切削出来的煤岩粉排出孔外的方法。

（3）压风排渣：利用压风做动力把钻头切削出来的煤岩粉排出孔外的方法。

128. 瓦斯抽采系统三大主要组成部分

瓦斯抽采系统三大主要组成部分主要有瓦斯抽采泵、管路系统、安全装置。

129. 空气湿度的三大表示方法

（1）绝对湿度。每立方米空气中所含水蒸气的质量叫空气的绝对湿度。

（2）相对湿度。单位体积空气中实际含有的水蒸气量与其相同温度下的饱和水蒸气含量之比称为空气的相对湿度。

（3）含湿量。含有 1 kg 干空气的湿空气中所含水蒸气的质量称为空气的含湿量。

130. 矿用通风机的三大类别（按服务范围分）

（1）主要通风机：服务于全矿或矿井的某一翼（部分）。

（2）辅助通风机：服务于矿井网络的某一分支（采区或工作面），帮助主要通风机通风以保证该分支风量。

（3）局部通风机：服务于独头掘进井巷等局部地区。

131. 通风网路的三大类别

（1）串联风路：由两条或两条以上分支彼此首尾相连，中间没有分汇点的线路。

（2）并联风路：由两条或两条以上具有相同始节点和末节点的分支所组成的通风网络。

（3）角联风路：内部存在角联分支的网络。

132. 局部通风方法的三大类别（按通风动力形式分）

局部通风方法按通风动力形式的不同可分为三大类分别为局部通风机通风、全风压通风、引射器通风。

133. 风桥的三大类别（按结构分）

风桥按其结构不同可分为绕道式风桥、混凝土风桥、铁筒风桥。

134. 矿井常用的三大类导风板

矿井常用的三大类导风板分别为引风导风板、降阻导风板、汇流导风板。

135. 依靠人体生理感觉预报矿井火灾的三类主要方法

依靠人体生理感觉预报矿井火灾的三类主要方法是嗅觉、视觉、感觉。

（1）嗅觉。可燃物受到高温和火源作用分解生成一些正常时大气中所没有的、异常气味的火灾气体，例如煤煤炭自热到一定温度后出现的煤油味、汽油味和轻微芳香气味；非饱和碳氢化合物、橡胶、塑料制品在加热到一定温度后，会产生烧焦味。人们利用嗅觉嗅到这些火灾气味，则可以判断附近的煤炭和胶塑制品在燃烧。

（2）视觉。人体通过视觉可发现可燃物起火时产生的烟雾，煤在氧化过程中产生的水蒸气，及其在附近煤岩体表面凝结成水珠（俗称为"挂汗"），进行报警。

（3）感觉。煤炭自燃或自热、可燃物燃烧会使环境温度升高，并可能使附近空气中的氧浓度降低，二氧化碳等有害气体增加，所以当人们接近火源时，会有头痛、闷热、精神疲乏等不适之感。

136. 灭火的三大方法

（1）直接灭火。采用灭火剂或挖出火源等方法把火直接扑灭，称为直接灭火法，无论是井上还是井下所发生的火灾，凡能直接扑灭的，均应尽快扑灭。

（2）隔绝灭火。当不能直接将火源扑灭时，为迅速控制火势，使其熄灭，可在通往火源的所有巷道内砌筑密闭墙，使火源与空气隔离。火区封闭后其内惰性气体（如 CO_2 和 N_2 等）的浓度逐渐增加，氧气浓度逐渐下降，燃烧因缺氧而窒息。此种灭火方法称为隔绝灭火。

（3）联合灭火。把直接灭火法和隔绝灭火法联合起来使用，使火区加速熄灭的方法称为联合灭火。

137. 尘肺病的三大分类

（1）硅肺病（矽肺病）。由于吸入含游离 SiO_2 含量较高的岩尘而引起的尘肺病称为硅肺病。患者多为长期从事岩巷掘进的矿工。

（2）煤硅肺病（煤矽病）。由于同时吸入煤尘和含游离 SiO_2 的岩尘所引起的尘肺病称为煤硅肺病。患者多为岩巷掘进和采煤的混合工种矿工。

（3）煤肺病。由于大量吸入煤尘而引起的尘肺病多属于煤肺病。患者多为单一的在煤层中从事采掘工作的工种。

138. 尘肺病发病三期

第一期，重体力劳动时，呼吸困难、胸痛、轻度干咳。

第二期，中等体力劳动或正常工作时，感觉呼吸困难，胸痛、干咳或带痰咳嗽。

第三期，做一般工作甚至休息时，也感到呼吸困难、胸痛、连续带痰咳嗽，甚至咯血和行动困难。

139. 火灾检测器的三大类别

1）感烟检测器

感烟检测器通过感知烟的存在来发现火灾。它有离子感烟检测器、光电感烟检测器、激光感烟检测器等类型。

（1）离子感烟检测器。它由两个电离室构成，一个电离室基本与外界隔绝，另一个与外界相通。电离室内的放射源放射出 α 粒子使空气部分电离，在电场作用下正、负离子分别向负、正极移动形成电流。火灾烟气进入电离室后离子电流、电压变化，输出火灾信号。感烟检测器具有灵敏度高、寿命长、价格低和使用安装方便等优点。

（2）光电感应检测器。它根据火灾烟雾改变光的传播特性的现象，利用光电元件制成，有折射型和反射型两种。

（3）激光感烟检测器。它以激光束为光源，有较强的方向性和较高的亮度，单色性和相干性好，可以监测较大的范围。

2）感温检测器

它依靠热敏元件来检测火灾放出的热量引起的温度上升。感温检测器有定温式、差温式和差、定温组合式三种。

（1）定温式感温检测器。这是一种当环境温度上升到某一定温度值时即判定发生火灾而报警的感温检测器。常见的有双金属型和易熔合金型两种，适用于温升缓慢的场合。

（2）差温式感温检测器。当环境温度上升速率达到或超过预定值时即判定为火灾而报警的感温检测器，适用于火灾时出现异常率和温差的场合。

（3）差、定温组合式感温检测器。兼有差温、定温两种功能的感温检测器，由于它采用了两种热敏元件，具有快速升温和缓慢升温均能动作的优点，其可靠性较高。

3）感光检测器

火灾发生时火焰的辐射光谱包括炽热炭粒发出的连续热辐射光谱、化学反应产生气体和离子放出的间断辐射光谱，通常处于红外区域和紫外区域。因此，常用的感光检测器有红外光式和紫外光式两种。

（1）红外光式感光检测器。它又称为红外火焰探测器，是由硫化铅、砷化铟等红外敏感元件构成的，用于检知火焰中的红外光线。

（2）紫外光式感光检测器。它又称为紫外火焰探测器，是由碳化硅、碳化铅或钼晶体等固体紫外光敏管构成的，用于检知火焰中的紫外光线。

140. 井下探水"三线"

通常将积水及附近区域划分为三条线，即积水线、警戒线和探水线，并标注在采掘工程图上。

（1）积水线，即积水区范围线。在此线上应标注水位标高、积水量等实际资料。

（2）警戒线，积水线外推 60 m 即为警戒线，一般用红色表示。进入警戒线后必须进行超前探水、边探边掘。

（3）探水线。为了保证采掘工作和人身安全，防止误穿积水区，在距积水区一定距离划定一条线作为探水的起点，此线即为探水线。应根据积水区的位置、范围、地质与水文地质条件及其资料的可靠程度、采空区和巷道受矿山压力破坏等因素确定。进入此线后必须停止掘进，进行探放水。

141. 防止人失误的三个阶段性措施

（1）控制、减少可能引起人失误的各种原因因素，防止出现人失误。

（2）在一旦发生了人失误的场合，使人失误不至于引起事故，即使人失误无害化。

（3）在人失误引起了事故的情况下，限制事故的发展、减小事故损失。

142. 引发人失误的三个原因

（1）超过人的能力的过负荷。

（2）与外界刺激的要求不一致的反应。

（3）由于不知道正确方法或故意采取不恰当的行为。

143. 混合起爆网络的三种形式

（1）电雷管—导爆管雷管混合网络。

（2）导爆索—导爆管雷管混合网络。

（3）电雷管—导爆索混合网络。

144. 爆炸的三大类型

爆炸是某一物质系统在有限的空间和极短的时间内，迅速释放大量能量或积聚转化的物理、化学过程。通常将其归纳为物理爆炸、化学爆炸和核爆炸三大类型。

145. 炸药爆炸的三个条件

（1）化学反应过程大量放热。放热是化学爆炸反应得以自动高速进行的首要条件，也是炸药爆炸对外做功的动力。

（2）反应过程极快（变化过程必须是高速的）。这是区别于一般化学反应的显著特点，爆炸可在瞬间完成。

（3）生成大量气体。炸药爆炸瞬间产生大量高温气体产物，在膨胀过程中将能量迅速转变为机械功，使周围介质受到破坏。

146. 三种导致炸药爆炸的起爆能

由于外部作用的形式不同，导致炸药爆炸的起爆能通常可以有以下三种形式：热能、机械能和爆炸能。

147. 炸药氧平衡三种情况

根据所含氧的多少，可以将炸药的氧平衡分为以下三种情况：零氧平衡、正氧平衡和负氧平衡。

148. 第三类炸药

第三类炸药是指专用于露天作业场所工程爆破的炸药。

149. 三种起爆网络

根据起爆方法的不同，起爆网络分为电力起爆网络、导爆管起爆网络和导爆索起爆网络。

150. 三种起爆电源

常用的起爆电源有三种：电池、动力交流电源和起爆器。

151. 炸药内部作用三个区

当炸药置于无限均质岩石中爆炸时，在岩石中将形成以炸药为中心的由近及远的不同破坏区域，分别称为粉碎区、裂隙区和弹性振动区。

152. 自由面的三点作用

（1）反射应力波。爆炸应力波遇到自由面发生反射，压缩引力波变为拉伸波，引起岩石的片落和径向裂隙的延伸。

（2）改变岩石的应力状态及强度极限。

（3）自由面是最小抵抗线方向，应力波抵达自由面后，在自由面附近的介质运动因阻力减小而加速，随后而到的爆炸气体进一步向自由面方向运动，形成鼓包，最后破碎、抛掷。

153. 三种起爆方式

（1）起爆药包装于孔底，雷管的聚能穴朝向孔口，叫作反向起爆。

（2）起爆药包装于靠近孔口的附近，雷管的聚能穴朝向孔底，叫作正向起爆。

（3）在长药包中于孔口附近和孔底附近分别放置起爆药包，叫作多点起爆。

154. 爆破"三位一体"研究途径

数值模拟、数值实验、理论分析，已构成认识爆炸力学甚至整个力学问题的三种有效方法，称为"三位一体"研究途径。

155. 钻机架设三要点

钻孔必须按"对位准、方向正、角度精"的要求安装架设钻机，以控制钻孔精度。

156. 爆破作业三次信号

（1）预警信号。它在施爆前一切准备工作完成后发出。该信号发出后，爆破警戒范围内开始清场工作。

（2）起爆信号。起爆信号应在确认人员、设备等全部撤离爆破警戒区，所有警戒人员到位，具备安全起爆条件时发出。起爆信号发出后，准许负责起爆的人员起爆。

（3）解除信号。安全等待时间过后，检查人员进入爆破警戒范围检查，确认安全后，方可发出解除爆破警戒信号。在此之前，岗哨不得撤离，不允许非检查人员进入爆破危险区域范围。

157. 冲击矿压分为三级

（1）轻微冲击（Ⅰ级）。抛出煤量在 10 t 以下，震级在 1 级以下的冲击地压。

（2）中级冲击（Ⅱ级）。抛出煤量在 10~50 t 之间，震级在 1~2 级的冲击地压。

（3）强烈冲击（Ⅲ级）。抛出煤量在 50 t 以上，震级在 2 级以上的冲击地压。

158. 冲击矿压发生的三个原因

地质因素、开采技术条件和组织管理措施。

159. 露天矿边坡破坏的三种类型

（1）塌落（崩落、坍塌）：坡面岩体突然脱离母体、迅速下落堆积在坡脚，有时还伴有岩石的翻滚和破碎。

（2）滑坡：边坡岩体在较大范围内沿某一特定的剪切面滑落。根据滑体的性质又可进一步划分为覆盖层滑坡和基岩滑坡。

（3）倾倒：边坡内部存在一组与坡面呈反倾向而倾角又较陡的弱面，它将岩体切割成许多相互平行的块体而倒落下来。

160. 采场矿压观测"三量"

顶底板移近量、支架载荷量和支柱（活柱）下缩量。

161. 三采一准

三采一准作业形式，即采用"四六"工作制，三班生产，一班检修准备，采、支、回综合作业，边支边回。这种形式适用于井深巷远、工人上下井辅助时间过长的采区。

162. 对矿山职工进行的三级安全教育

入矿教育；车间、坑口、区队教育；岗位教育。

163. 采煤工作面"三畅通"

（1）工作面安全出口要畅通。
（2）工作面上、下平巷要畅通。
（3）工作面内人行道、输送机道、煤机道或跑道均应保持畅通。

164. 排放瓦斯必须制定专门措施落实的三个责任

（1）要落实撤人和设警戒的责任。
（2）要落实断电范围和电气设备完好检查的责任。
（3）要落实排放瓦斯现场指挥的责任。

165. 瓦斯检查要求做到 "三对口"

（1）井下记录牌对口。

（2）检验手册对口。

（3）班报对口。

166. 采煤工作面的三种通风方式

（1）反向通风。这种通风方式的特点是，工作面的进风巷与回风巷的风流方向相反，平行流动。这种通风方式的主要优点是采空区漏风量比较小；其缺点是工作面上隅角附近，由于风流速度很低，容易积聚瓦斯，影响安全生产。

（2）同向通风。这种通风方式的特点是，工作面的进风巷与回风巷种的风流方向相同平行流动。工作面的回风是由采空区回风巷（沿空留巷）及采区边界上山排出的。它的优点是利用采空区漏风，将瓦斯带到工作面回风巷的风流中，从而能避免采空区瓦斯涌到工作面或在工作面上隅角积存。但它的缺点是采空区漏风较多，容易引起自然发火。

（3）对拉工作面通风。对拉工作面是由三条巷道构成的工作面通风系统，它可分为两进一回或一进两回的两种通风方式。这种通风方式与反向、同向通风方式比较，具有通风量大、阻力小和采空区漏风少等优点，但都有一段下行通风的缺点。

167. 综采面液压支架的三种移架方式

（1）单架依次顺序式，又称单架连续式。支架沿采煤机牵引方向依次前移，移动步距等于截深，支架移成一条直线。该方式操作简单，容易保证规格质量，能适应不稳定顶板，应用比较多。

（2）分组间隔交错式。该方式移架速度快，适用于顶板较稳定的高产综采工作面。

（3）成组整体依次顺序式。该方式按顺序每次移一组，每组二、三架，一般有大流量电液阀成组控制，适用煤层地质条件好、采煤机快速牵引割煤的日产万吨综采面。

168. 综采面端头的三种支护方式

（1）单体支杜加长梁组成的迈步抬棚。

（2）自移式端头支架。

（3）用工作面中间液压支架。

169. 要满足综采工作面顶板管理和复杂的机械设备配套生产需要，采煤工作面和安全出口应该满足的三大要求

（1）液压支架的支护效率和支护强度要满足要求。

（2）遵循液压支架的选型原则。

（3）综采工作面安全出口的支护应满足支护要求。

170. 局部冒顶前的三大预兆

（1）顶板岩石有裂缝或缺口。

（2）支架受力大，发出响声，金属支架活柱下降。

（3）支架棚梁打滚，棚梁上有声响，煤壁大片脱落片帮。

171. 测尘操作三步骤

（1）使用粉尘采样器测尘时，要事先认真称量采样滤膜。

（2）测量时用塑料镊子取下滤膜两面的夹衬纸，然后将滤膜轻放在分析天平上进行称重，并将重量值编好号码，再放入滤膜盒内，要求滤膜不得有折皱，滤膜盒盖要拧紧，并置于干燥器内。

（3）使用光电测尘仪测尘时，要备有足够的滤膜纸带。

172. 井下巷道行走"三严禁"

（1）严禁横跨运行的带式输送机，行人必须通过过桥行走。

（2）严禁在刮板输送机、带式输送机上行走，严禁蹬坐运行中的刮板输送机。

（3）严禁横跨运行中的钢丝绳。

173. 零散作业人员入井前必经的三项程序

（1）零散作业人员进矿下井，必须进行强制性的安全技术、岗位工种的培训。

（2）自救、急救知识的学习，消防器材、灭火知识的学习。

（3）经考核合格，取得《安全资格证》方准下井。

174. 下井人员下井时的三大注意事项

（1）必须随身携带好自救器，佩戴好矿灯、安全帽、毛巾，随身携带有锋利工具时要加护套。

（2）严禁携带能够产生火源、带有静电的物品，严禁穿化纤衣服。

（3）严禁入井前喝酒。

175. 检查测风仪表的三项要求

（1）风表开关、回零装置和指针灵活可靠，外壳及各部位螺丝无松动，风表校正曲线对号。

（2）秒表的开关和指针灵活。

（3）入井前必须根据任务带好所用的风表、秒表、瓦斯鉴定器及皮尺、记录表、有关仪器等。携带和使用仪器时，必须轻拿轻放，避免碰撞。

176. 密闭施工中的三个注意事项

（1）掏槽只能用铜制大锤、钎子、手镐、风镐施工，不准采用爆破方法。

（2）砌墙高度超过 2 m 时，要搭脚手架，保证安全牢固。

（3）施工完毕后，认真清理现场，做到密闭前 5 m 的支架完好，在距巷道岔口 1~2 m 处应设栅栏，提示警标，悬挂说明牌。

177. 木板密闭的三项施工要求

（1）木板条采用鱼鳞式搭接方式。

（2）自上而下依次压茬排列钉在立柱上，压茬宽度不少于 15 mm，在四周木板要均匀伸入槽内接实。

（3）用黄泥或水泥浆沿木板茬缝及墙四周堵抹严密。

178. 密闭建筑掏槽时应注意的三点内容

（1）一般应按先上后下的原则进行，掏出的煤、矸等物要及时运走，巷道应清理干净。

（2）掏槽深度应符合规定要求，见实帮实底。

（3）砌碹巷道建筑密闭要拆碹掏槽，并按专门安全措施施工。

179. 更换风筒时的三个注意事项

（1）更换风筒时，不得随意停局部通风机。

（2）必须停机时，应与掘进工作面的班组长和小班电工联系，待停止工作、撤出人员后方可更换。

（3）当巷道瓦斯涌出量大时，必须把工作面人员撤到安全地点后再更换风筒。

180. 矿井通风系统包括的三项主要内容

（1）矿井通风方法。矿井通风方法是指矿井主风机的工作方法，包括抽出式、压入式和混合式三种。

（2）通风方式。矿井通风方式是指矿井进风井和回风井布置方式，有中央式、对角式和混合式三种。

（3）通风网络。矿井通风系统是纵横交错的井巷构成的一个复杂系统。用图论的方法对通风系统进行抽象描述，把通风系统变成一个由线、点及其属性组成的系统，称为通风网络。通风系统中各井巷分配的风量大小及其方向遵循一定规律。

181. 独立通风系统的三项优点

（1）风路短，阻力小，漏风少，经济合理。

（2）各用风地点能保持新鲜风流，作业环境好。

（3）当一个采区、工作面或硐室发生突变时，不至于影响或波及其他地点，较为安全可靠。

182. 断距（在垂直于被断岩层走向的剖面上）三大类

断距分为地层断距（h_o）、铅直地层断距（h_g）、水平地层断距（h_f）三大类。

183. 处理局部瓦斯积聚的三种方法

（1）在积聚瓦斯的地点加大风量或提高风速，将瓦斯冲淡或排出。

（2）在局部瓦斯聚积地点封闭隔绝，如封闭盲巷或积聚瓦斯的空洞。

（3）抽排瓦斯。

184. 掘进工作面临时停风排放瓦斯的三种方法

（1）扎风筒法。在启动局部通风机前先把局部通风机前的风筒用绳子扎到一定程度，以增加通风阻力，减少供入盲巷中的风量，使排出的瓦斯量在规定的范围内；排放瓦斯时，随着排放出来的瓦斯浓度逐渐降低，再一点一点放松绳子，最后全部解开，使局部通风机全部风量进入盲巷。但不能将风筒捆死，否则会烧坏风机。

（2）挡局部通风机法。在启动局部通风机前用木板或皮带把局部通风机进风口挡上一部分，再启动局部通风机，以减少通风机的进风量；排瓦斯时，根据需要逐渐拉开木板或皮带，直至将瓦斯全部排出，保持正常通风。

（3）断开风筒法。在启动局部通风机前，将风筒接头断开，利用改变风筒接头对合空隙的大小来调节送入盲巷的风量，以控制盲巷的排出瓦斯量。

根据瓦斯浓度将风筒半对接，一人在断开风筒后方 5 ~ 10 m 处检查瓦斯浓度，浓度不准超过 1.5%，超过了就把风筒移开一些，多些新风，浓度降下来就把风筒多对上点，如此反复直到瓦斯浓度不超限就全部接上风筒。

185. 爆破必须执行的"三保险"制度

爆破必须执行人、牌、哨"三保险"制度。

186. 爆破时爆破工必须执行的"三遍哨"制度

爆破时爆破工必须执行的"三遍哨"制度是一响准备爆破、二响爆破、三响排除。

187. 三种主要的重介质选煤设备

（1）斜轮重介分选机，是用斜提升轮提起并排除沉物的重介分选机。

（2）立轮重介质分选机，是用立轮提升并排出沉物的重介质分选机。

（3）重介质旋流器，是用重介质做分选介质在离心力场中选煤的设备。

188. 三种常用的磁选机

（1）顺流式磁选机。入料流、圆筒旋转、精矿排出方向一致；精矿品位高，但尾矿损失大，回收率低。

（2）逆流式磁选机。入料流方向和圆筒旋转、精矿排出方向相反；精矿品位低，但尾矿损失小，回收率高。

（3）半逆流式磁选机。入料位置及品位、效率居中；不腐蚀设备；容易与产品分离。

189. 磁选机常见的三种故障及其处理方法

（1）入料管堵塞。处理方法：停车，从入料管开口处用清水冲洗。

（2）入料筛筐子堵塞。处理方法：使用小勺等工具清理。

（3）磁块脱落或磁场减弱。处理方法：停车检修。

190. 筛下空气室与筛侧空气室跳汰机相比的三个特点

（1）空气室设在筛板下面，结构紧凑，重量轻，占地面积小。

（2）空气室沿跳汰室宽度布置，能使跳汰室宽度方面各点的波高相同。

（3）脉动水流没有横向冲击力，但是筛下空气室跳汰机的风压要求较高（0.25～0.35 个大气压）。

191. 离心式水泵的三种常见故障及原因

（1）启动后吸不上水。原因：吸水管底阀漏水或吸水管道堵塞。

（2）排水量小。原因：叶轮磨损过大，或局部漏气和管道堵塞。

（3）电机热。原因：安装不正，或液体浓度过大。

192. 在用光学瓦斯鉴定器前，应做好的三项工作

（1）检查其药品性能，看是否失效。

（2）检查其气路系统，仔细观察是否漏气。

（3）检查管路系统是否清晰明亮，最后对仪器进行校正工作。

193. 抽放瓦斯的三个目的

（1）减少涌入开采空间的瓦斯量，预防瓦斯超限。

（2）降低煤层瓦斯压力，防止煤与瓦斯突出。

（3）开发利用瓦斯资源，变害为利。

194. 褶曲的三大类（按褶曲的长宽比例分）

（1）线性褶曲：长/宽大于10∶1。

（2）短轴褶曲：长/宽在 3∶1 ~ 10∶1 之间。

（3）近等轴褶曲：长/宽小于 3∶1。

195. 瓦斯的三个性质

（1）瓦斯是一种无色、无味、无嗅的气体。

（2）在标准状态下密度为 0.7168 kg/m³，相对密度为 0.554，比空气轻，容易聚集在巷道顶部，微溶于水，无毒，不能供人呼吸。

（3）与空气混合达到一定浓度遇火焰能爆炸或燃烧。

196. 地下水对煤层瓦斯含量的降低作用表现为三个方面

一是长期的地下水活动，带走了部分溶解的瓦斯。

二是地下水渗透的通道，同样可以成为瓦斯渗透的通道。

三是地下水带走了溶解的矿物，使围岩及煤卸压，透气性增大，造成了瓦斯的流失。

197. 井下空气含量低到三种界限时对人体的危害

（1）当氧气降到 17% 时，在休息状态下无明显影响，如进行工作则能引起喘息、呼吸困难等症状。

（2）当氧气降到 15% 时，呼吸和脉搏跳动急促，感觉及判断能力减弱，并失去劳动能力。

（3）当氧气降到 10% ~ 12% 时，人可失去理智，时间稍长即有生命危险。

《煤矿安全规程》规定，采掘工作面的进风流中，氧气浓度不得低于 20%。

198. 采掘工作面的进（回）风都不得经过采空区和冒顶区的三种原因

（1）当采掘工作面进（回）风流通过采空区和冒顶区时，其风流中必然将采空区和冒顶区的有毒有害气体、矿尘等带入采掘工作面，造成工作面氧含量降低、有毒有害气体浓度增加、作业环境污染恶化。

（2）采空区或冒顶区内没有可靠的通风断面，通过的风流极不稳定，不能保证采掘工作面通风系统稳定可靠。

（3）当采掘工作面进（回）风流通过采空区的冒顶区，将造成采空区煤自然发火，对安全造成极大威胁。

199. 炮采工作面爆破作业应达到的"三高"

块煤率高，回采率高，自装率高。

200. 炮采工作面的联线三种方法

单排眼串联法，双排眼串联法，三排眼串联法。

201. 掘进工作面爆破网路的三种连接方式

串联、并联和混联。

202. 粉、块状材料或其他可燃性材料不能做炮眼封泥的三种原因

（1）这些材料是可塑性的，起不到炮泥充满炮眼的作用，达不到堵塞密实的要求，阻止不了爆生气体的外逸，易造成放空炮。

（2）这些材料具有可燃性，参加炸药爆炸反应，改变了炸药本身的氧平衡关系，使炸药反应因缺氧导致爆生气体中增加有害气体 CO 的含量和生成二次火焰，易引燃瓦斯和煤尘。

（3）炸药爆炸时，将燃烧的煤炭颗粒等可燃材料抛出，易引起瓦斯煤尘爆炸。

203. 为克服爆破时的间隙效应，应做到三点

（1）清扫好炮眼，使药卷密接。
（2）使用煤矿许用安全导爆索。
（3）加大药包直径或缩小炮眼直径。

204. 根据断层的组合形式分为三大类型

（1）地垒与地堑：通常由两条以上正断层组成，若断层倾向相背。中间断盘相对上升，称之为地垒；反之，称之为地堑。

（2）阶梯状断层：由两条以上产状大体一致的正断层组合在一起，使上盘在剖面上呈阶梯状向同一方向依次下降。

（3）叠瓦状断层：由两条以上产状大体一致的逆断层组合在一起，使上盘在剖面上呈叠瓦状向同一方向依次上升。

205. "三无视"

无视国家法律，无视安全监督，无视矿工生命。

206. 选用自救器的三项原则

（1）对于流动性较大，可能会遇到各种灾害威胁的人员应选用隔离式自救器。

（2）在有煤和瓦斯突出矿井或突出区域的采掘工作面和瓦斯矿井的掘进工作面，应选用隔离式自救器。

（3）其他情况下，一般可选用过滤式自救器。

207. 防爆电器设备入井前的三证检查

防爆电器设备入井前检查其"产品合格证""防爆合格证""煤矿矿用产品安全标志"及安全性能，检查合格并签发合格证后方准入井。

208. 信号工的三大作用

接收拥罐工的信号；监督拥罐工的安全操作；确保准确无误后，向提升机司机发出开车信号。

209. 属于零散作业的三种人员

场所不固定的人员，单独作业人员，独立行走人员。

210. 信号工应严格执行的"三准""三不发"

"三准"：看准、听准、发准信号。

"三不发"：罐门子或罐帘子未拉好不发信号；改变信号时，使用方法未联系好不发信号；信号未看准、未听清不发信号。

211. 常用的三种千斤顶

（1）齿条千斤顶：由人力通过杠杆和齿轮带动齿条顶举重物。起重量一般不超过20 t，可长期支持重物，主要用在作业条件不方便的地方或需要利用下部的托爪提升重物的场合，如铁路起轨作业。

（2）螺旋千斤顶：由人力通过螺旋副传动，螺杆或螺母套筒作为顶举件。

普通螺旋千斤顶靠螺纹自锁作用支持重物,构造简单,但传动效率低,返程慢。自降螺旋千斤顶的螺纹无自锁作用,装有制动器。放松制动器,重物即可自行快速下降,缩短返程时间,但这种千斤顶构造较复杂。螺旋千斤顶能长期支持重物,最大起重量已达 100 t,应用较广。下部装上水平螺杆后,还能使重物作小距离横移。

(3)液压千斤顶:由人力或电力驱动液压泵,通过液压系统传动,用缸体或活塞作为顶举件。液压千斤顶可分为整体式和分离式。整体式的泵与液压缸联成一体;分离式的泵与液压缸分离,中间用高压软管相联。

212. 轴承合金的三大特点

(1)有较低的摩擦系数。

(2)有良好的韧性、导热性和耐蚀性。

(3)能承受较大的冲击载荷。

213. 厚壁滑动轴承常见的三种缺陷

(1)瓦衬磨损,顶间隙增大。

(2)瓦衬严重咬伤,局部胶合。

(3)瓦衬局部裂纹,情况严重。

214. 滚动轴承与滑动轴承相比具备的三个优点

(1)摩擦力小。

(2)注脂周期长,维护简单、方便。

(3)为标准件,具有互换性。

215. 三视图的投影规律

长对正,高平齐,宽相等。

216. 机械制图中常用的三种配合

(1)间隙配合。具有间隙(包括最小间隙等于零)的配合称为间隙配合。此时,孔的公差带在轴的公差带之上。由于孔、轴的实际尺寸允许在各自的公差带内变动,所以孔、轴配合的间隙也是变动的。当孔为最大极限尺寸而轴为最小极限尺寸时,装配后的孔、轴为最松的配合状态,称为最大间隙 X_{max};当孔为最小极限尺寸而轴为最大极限尺寸时，装配后的孔、轴为最紧的配合状态，称为最小间隙 $X_{\min}$。

（2）过盈配合。具有过盈（包括最小过盈等于零）的配合称为过盈配合。此时，孔的公差带在轴的公差带之下。在过盈配合中，孔的最大极限尺寸减轴的最小极限尺寸所得的差值为最小过盈 $Y_{\min}$，是孔、轴配合的最松状态；孔的最小极限尺寸减轴的最大极限尺寸所得的差值为最大过盈 $Y_{\max}$，是孔、轴配合的最紧状态。

（3）过渡配合。可能具有间隙或过盈的配合称为过渡配合。此时，孔的公差带与轴的公差带交叠，孔的最大极限尺寸减轴的最小极限尺寸所得的差值为最大间隙 $X_{\max}$，是孔、轴配合的最松状态；孔的最小极限尺寸减轴的最大极限尺寸所得的差值为最大过盈 $Y_{\max}$，是孔、轴配合的最紧状态。

217. 合金钢的三大类别（按用途分）

合金结构钢、合金工具钢和特殊合金钢。

218. 铸铁的三大类别

白口铸铁、灰口铸铁和球墨铸铁。

219. 常用的三种硬度指标

布氏硬度、洛氏硬度和维氏硬度。

220. 常用的三种挥锤方法

腕挥、肘挥和臂挥。

221. 锉刀的三种类型

普通锉、特种锉和整形锉。

222. 常见的三种导体

各种金属、碳和电解液。

223. 自救器储存时应注意的三点

（1）自救器平时不得随意打开，只能在遇难后撤离灾区时使用。

（2）携带自救器要防止碰撞，避免损坏。

（3）自救器应存放在干燥的地方。

224. 车间机电安全质量标准化评级必须具备的三个条件

（1）无重大机电直接责任事故。

（2）矿井双回路供电。

（3）检查考核期间未发生两台（处）电器设备失爆。

225. 井下常用的三种电缆

铠装电缆、塑料电缆、矿用橡套电缆。其中，铠装电缆和塑料电缆主要用于井下供电干线或向固定设备供电；矿用橡套软电缆主要向移动设备供电。

226. 对电缆接头的三项要求

（1）芯线连接良好。

（2）接头处有足够的抗拉强度，其值应不低于电缆芯线强度的70%。

（3）两根电缆的铠装、铅包、屏蔽层和接地芯线都应有良好接地。

第四章　数字"四"的术语

1. 煤矿四化建设

机械化，自动化，信息化，智能化。

2. "四对八梁"

"四对八梁"也叫"四梁八柱"，主要用于采面超前支护，增强上下出口支护力度。

3. 煤矿井下爆破会产生的四种主要有害气体

二氧化碳（CO_2）、二氧化氮（NO_2）、一氧化碳（CO）、二氧化硫（SO_2）。

4. 采煤工作面的四大矿压显现

（1）顶板下沉，断裂甚至冒落。
（2）支架变形、折断。
（3）工作面巷道底板鼓起。
（4）煤壁片帮。

5. 刮板输送机使用液力偶合器的四大优点

（1）起动平稳，减少电耗。
（2）有过载保护作用。
（3）能消除工作机构的冲击和振动。
（4）多台电动机传动时各电动机负荷分配均衡。

6. 煤电钻打眼操作"四要、四勤、一集中"

"四要"：要平、要稳、要匀、要准。
"四勤"：勤闻、勤看、勤听、勤动手。

"一集中"：思想集中在操作上，注意安全。

7. 采煤工作面的四种处理破碎顶板方法

（1）采用带压移架法。

（2）挑顺山梁。

（3）铺金属网。

（4）架走向棚。

8. 自救器工的四项工作

负责自救器的收发、保管、检查和维修。

9. 井下巷道行走应做到"四注意"

（1）经常观看顶帮支护情况，防止突然掉碴片帮伤人。

（2）随时注意来往矿车、牵引钢丝绳、架绳滚、车挡、架空线，以及各种电气设备安全设施。

（3）携带长柄工具行走时，要防止触电，碰撞行人和电气设备。

（4）通过车场和有人工作的巷道维修地点，必须先打招呼，经允许后方可通行。

10. 井下工作（行走）时应做到"四不准"

（1）严禁随意挪动机电设备，严禁随意开合电气设备的开关及停、送电开关，严禁随意操作机械设备。

（2）严禁随意操作罐挡、车挡、拨动道岔和其他运输安全设施。

（3）严禁随意移动、拆除以及破坏通风设施。严禁任意开、停风机或断、接风筒；严禁越过挂有警戒牌、设有标志的地点。

（4）严禁同时打开两道风门，通过风门后要关闭好。

11. 回采工作面冒顶前的四种预兆

（1）顶板连续发生断裂声，有时采空区内发出闷雷声。

（2）片帮增多，煤壁被压酥，电钻打眼省力，采煤机工作负荷不大。

（3）支架断裂或支柱下沉。

（4）瓦斯增大或淋水增加。

12. 干部深入井下应做到"四不升井"

（1）发现隐患没处理不升井。

（2）重大隐患不落实停产整顿的不升井。

（3）发现"三违"不制止不处理不升井。

（4）发现危及职工生命安全的特大隐患不组织人员撤离，不落实处理措施不升井。

13. 均压防火的四种具体做法

（1）防止工作面采空区内煤炭自燃的风窗调压法和风机与风窗联合调压法。

（2）开通并联风路与调压风门联合均压。

（3）利用调节气室对封闭火区实行均压。

（4）连通管均压法。

14. 掘进工作面需测定瓦斯及二氧化碳浓度的四个地点

（1）掘进工作面风流（指风筒出口或入口前方到掘进工作面的一段风流）。

（2）掘进工作面回风流。

（3）局部通风机前后各 10 m 以内的风流。

（4）局部高冒区域。

15. 通风设施建筑工的四项工作

（1）通风设施建筑工负责永久密闭、临时密闭的施工。

（2）永久风门、临时木板风门的安设。

（3）调节风窗的安设。

（4）测风站施工等工作。

16. 测风工的四项工作

（1）测算矿井风量、风压、漏风量，按要求进行风量调节。

（2）测定局部通风机的风量、风压和漏风量。

（3）鉴定矿井瓦斯等级，进行矿井反风试验，收集有关参数和汇总资料。

（4）及时准确填写有关报表和井下测风牌板。

17. 井下的四个测风地点

（1）矿井、一翼、水平的进回风巷。
（2）采区进回风巷、采掘工作面的进回风巷。
（3）井下爆破材料库和主要硐室。
（4）其他需要测风的地点。

18. 主要通风机风量的四个组成

（1）采煤、掘进、硐室及其他用风地点的有效风量。
（2）各风路上的漏风量。
（3）因空气体积膨胀增加的风量。
（4）风机的外部漏风量。

19. 光学瓦斯鉴定器的四个特点

携带方便，操作简单，安全可靠，有足够的精度。

20. 瓦斯仪器检修工的四项工作

负责瓦斯检定器的检修、校正、电池更换、药品收发管理工作。

21. 监测微机房交接班的四项内容

（1）设备运行情况和故障处理结果。
（2）井下传感器工作状况、断电地点和次数。
（3）瓦斯变化异常区的详细记录。
（4）计算机的数据库资料。

22. 堆锥四分法

堆锥四分法是一种比较方便的方法，但有粒度离析，操作不当会产生偏倚。堆锥四分法操作如图 4-1 所示。

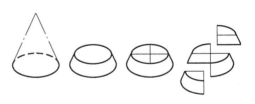

图 4-1　堆锥四分操作法

为保证缩分精密度，堆锥时，应将试样一小份、一小份地从样堆顶部撒下，使之从顶到底、从中心到外缘形成有规律的粒度分布，并至少倒堆 3 次。摊饼时，应从上到下逐渐拍平或摊平成厚度适当的扁平体。分样时，将十字分样板放在扁平体的正中间，向下压至底部，煤样被分成四个相等的扇形体。将相对的两个扇形体弃去，另两个扇形体留下继续下一步制样。为减少水分损失，操作要快。

23. 手摸运转设备外壳时估计温度的四种方法

（1）若刚好能长时间停留，一般为 40 ℃ 左右。
（2）若能短时间停留，一般为 50 ℃ 左右。
（3）若不能停留，一般为 60 ~ 80 ℃ 之间。
（4）一触即烫，则为 80 ℃ 以上。

24. 齿轮间隙的四大作用

（1）储存必要的润滑油。
（2）减少齿轮接触面的磨损。
（3）补偿齿轮在负荷作用下的弹性变形。
（4）补偿齿轮在负荷作用下的热膨胀变形。

25. 斜巷跑车造成的四大危害

（1）容易撞死、撞伤在巷道里的人员，特别是下部车场的人员。
（2）撞翻支架造成冒顶片帮。
（3）撞坏沿巷道敷设的电缆、风管、水管及轨道等设施，造成停产。
（4）因撞坏、撞断电缆产生电火花，矿车与轨道摩擦撞击或与巷道、支架撞击产生火花，易引起瓦斯、煤尘燃烧爆炸。

26. 井下供电应做到"四有""两齐"

"四有"：有过电流和漏电保护装置，有螺钉和弹簧垫，有密封圈和挡板，有接地装置。
"两齐"：悬挂电缆整齐，设备硐室清洁整齐。

27. 触电的四种形式

单相触电，两相触电，跨步电压触电，接触电压触电。

28. 事故发生的四个基本要素

（1）环境的不安全条件。

（2）管理上的缺陷。

（3）物的不安全状态。

（4）人的不安全行为。

29. 使用摇表应注意的四项安全事项

（1）连接线应使用绝缘导线，一般由两人进行测量。

（2）测量绝缘时，必须将被测电气设备从各方面断开电源，验明无电并对地放电，同时取得对方允许和证明无人工作后方可进行。在测量过程中，禁止他人接近被测电气设备。

（3）在同杆架设的双回路或互相平行的单回路区间测量绝缘时，为防止电感现象，必须将另一回路导线同时停电，雷电时严禁测量线路绝缘。

（4）在带电设备附近测量绝缘电阻时，测量人员和摇表位置必须选择适当，测量中要保持安全距离或设遮拦以免摇表引线或引线支持物接触带电体。移动引线时，必须注意监护，防止工作人员触电。

30. 班组长在防灾救灾中的四项职责

（1）负责清点本工作面的作业人数。

（2）采取措施有组织地带领全班人员撤到安全地点。

（3）有条件时，将事故的性质、范围和发生的原因等情况如实详细报告给矿调度。

（4）随时接受矿下达的命令，完成有关抢救和灾害处理任务。

31. 电雷管的四个组成部分

（1）脚线，用来给桥丝输送电流，有铜和铁两种导线，外皮用塑料绝缘，要求具有一定的绝缘性和抗拉伸、抗曲挠和抗折断能力。脚线长度可根据用户需要而定制，一般多用 2 m 长的脚线为主。每一发雷管都是由两根颜色不同的脚线组成，区分颜色主要是为了方便使用和炮孔连线。

（2）桥丝，即电阻丝，通电后桥丝发热点燃点火药。常用的桥丝有康铜丝和镍铬合金丝。

（3）封口塞，其作用是为了固定脚线和封住管口，封口后还能对雷管起到防潮作用。

（4）点火药，一般是由可燃剂和氧化剂组成的混合物，它涂抹在桥丝的周围呈球状。通电后桥丝产生的热量引燃点火药，由点火药燃烧的火焰直接引爆雷管的起爆药。

32. 喷射混凝土支护的四个作用原理

（1）支撑作用。
（2）充填作用。
（3）隔绝作用。
（4）柔性支护作用。

33. 矿井瓦斯的四大主要来源

第一类是煤层与围岩内赋存并能涌入到矿井的气体。

第二类是矿井生产中生成的气体，如爆破时产生的炮烟、内燃机运行时排放的废气、充电过程中产生的氢气等。

第三类是井下空气与煤、岩、矿物、支架和其他材料发生化学或生物化学反应生成的气体。

第四类是放射性物质蜕变过程中生成的或地下水放出的放射性惰性气体氡与惰性气体氦。

34. 预防瓦斯喷出的四大措施

预防瓦斯喷出的四大措施分别为"探、排、引、堵"。

（1）"探"：探明地质构造和瓦斯情况。在可能喷出瓦斯的地点附近打前探钻孔，查明瓦斯压力和积存范围。如果瓦斯压力不大，积存量不多，可以通过钻孔，让瓦斯自然排放到回风流中。

（2）"排"：排放或抽放瓦斯。如果自然排放量大，有可能造成风流中瓦斯超限时，应将钻孔或巷道封闭，通过瓦斯管把瓦斯排放到适宜的地点接入抽放瓦斯管路，将瓦斯抽到地面。

（3）"引"：把瓦斯引至总回风流或工作面后 20 m 以外的区域。

（4）"堵"：将裂隙、裂缝等堵住，不让瓦斯喷出。当瓦斯喷出量和压力都不大时，用黄泥或水泥等充填材料堵塞喷出口。具体处理措施还应根据瓦斯喷出量和瓦斯压力大小等具体情况进行处理。

35. 石门揭煤的四个阶段

第一阶段为打前探钻孔。自石门距煤层最小法向距离 10 m 前打钻孔探明煤层位置、产状。前探钻孔和测压孔的设计由矿总工程师审批，钻孔施工完成后由地质人员验孔，并根据验孔记录绘制实测地质剖面图，作为防突措施编写的依据。

第二阶段为编制石门揭煤专项防突措施并报批。在距离煤层的最小法向距离 7 m 之前实施预抽煤层瓦斯区域防突措施，并进行效果检验，直到有效。

第三阶段为突出危险性预测。在揭煤工作面距煤层最小法向距离 5 m 前用工作面预测方法进行区域验证。如果有突出危险，则实施工作面防突措施，并进行措施效果检验，当措施有效时，则进行边探边掘，直到远距离爆破揭穿煤层前的工作面的位置。

第四阶段为揭煤阶段。用工作面预测的方法进行最后验证，无突出危险时，在采取安全防护措施的条件下采用远距离爆破揭穿煤层，直到进入煤层顶板或底板 2 m 以上。

36. 瓦斯动力现象的四大类型

瓦斯动力现象可分为四大类型，分别为：煤的突然倾出、煤的突然压出、煤与瓦斯突出、岩石与瓦斯突出。

1）煤的突然倾出

造成倾出的主要力量是地应力，其基本能量是煤的重力位能，瓦斯在一定程度上也参与了倾出过程。因为瓦斯的存在进一步降低了煤的机械强度，瓦斯压力还促进了重力作用的显现，由于这种关系，煤的倾出还可能引起并转化为煤与瓦斯突出。在急倾斜煤层中，煤与瓦斯突出又多以倾出开始，最后转化为煤与瓦斯突出。

2）煤的突然压出

煤的突然压出是由地应力或开采集中压力引起的，瓦斯只起到次要作用。伴随着煤的突然压出，回风流中瓦斯浓度增高，但一般不会引起巷道瓦斯超限（或超限时间很短）。按表现形式不同，煤的突然压出又可分为煤的突然移动和煤的突然挤出两类。

3）煤与瓦斯突出

煤与瓦斯突出是在地应力和瓦斯压力共同作用下发生的，通常以地应力为主，瓦斯压力为辅，重力不起决定作用；实现突出的基本能量是煤体内积蓄的高压瓦斯能。突出的基本特征为：

（1）突出的煤向外抛出的距离较远，具有分选现象，即靠近突出空洞和巷道下部为块煤，其次为碎煤，离突出孔洞较远处和煤堆上部为粉煤，有时粉煤能够抛出很远。

（2）抛出的煤堆积角小于自然安息角。

（3）抛出的煤破碎程度较高，含有大量的煤块和手捻无粒感的煤粉。

（4）有明显的动力效应，破坏支架、推倒矿车、破坏和抛出安装在巷道内的设施。

（5）有大量的瓦斯（二氧化碳）涌出，瓦斯涌出量远远超过突出煤层的瓦斯（二氧化碳）含量，有时会使风流逆转。

（6）突出的孔洞呈口小腔大的梨形、舌形、倒瓶形以及其他分岔形等。

4）岩石与瓦斯突出

随着开采深度的增加，我国一些矿区相继发生了岩石与瓦斯突出，尽管目前岩石与瓦斯突出的次数还不多，但已经引起了人们的高度重视。突出的岩石主要是砂岩及安山岩，参与突出的气体主要是二氧化碳和瓦斯，其特征为：

（1）岩石与瓦斯突出一般发生在地质构造带。

（2）岩石与瓦斯突出发生在爆破时。

（3）岩石与瓦斯突出后，在岩体中会形成一定形状的孔洞。

37. 煤与瓦斯突出的四大类型（按突出强度分）

（1）小型突出，突出强度小于 100 t。

（2）中型突出，突出强度为 100（含 100 t）~500 t。

（3）大型突出，突出强度为 500（含 500 t）~1000 t。

（4）特大型突出，突出强度大于或等于 1000 t。

38. 煤与瓦斯突出的四大假说

1）瓦斯作用说

认为煤层内部存贮的高压瓦斯是发生突出的主要原因。在这类假说中"瓦斯包说"占重要地位。"瓦斯包说"认为在煤层中存在着压力与瓦斯含量比邻近区域高得多的煤窝，即"瓦斯包"，其中煤松软、孔隙与裂隙发育，具有较大的存贮瓦斯的能力，它被透气性差的煤（岩）所包围，存贮着高压瓦斯。当巷道揭穿"瓦斯包"时，在高压瓦斯作用下将松软的煤窝破碎并抛出形成突出。

2）地应力假说

认为煤与瓦斯突出主要是高地应力作用的结果。对于高地应力的构成有不同说法。一种说法认为，在煤岩体中除自重应力外还存在着地质构造应力，当巷道接近储存构造应变能高的硬而厚的岩层时，岩层将像弹簧一样伸张，将煤破坏和粉碎，引起瓦斯剧烈涌出而形成突出。另一种说法认为，采掘工作面前方存在着应力集中，当弹性厚顶板悬顶过长或突然冒落时，可能产生附加的应力。在集中应力作用下，煤发生破坏和破碎时，会伴随大量瓦斯涌出而构成突出。

3）综合作用说

认为煤与瓦斯突出是地压、高压瓦斯和煤体结构性能3个因素综合作用的结果，是聚集在煤体和围岩中大量潜能的高速释放。高压瓦斯在突出发展中起决定性作用，地压是激发突出的因素。有人认为，地质构造是引起突出的决定因素，高压瓦斯是突出的主要动力，煤层破坏是突出的有利条件，采掘活动是突出的诱发因素。综合作用说比较全面地考虑了突出的动力与阻力两个方面的主要因素，得到国内外学者的普遍承认。

4）球壳失稳机理

以上三大理论解释了突出原因和突出过程，但是对于突出过程是怎样进行的，3种因素是如何作用的，都没有完全说清楚，现场有些突出现象也无法解释，如延期突出、突出孔洞的形成过程、过煤门突出等。中国矿业大学提出了球壳失稳理论。该理论认为在突出过程中，地应力首先破坏煤体，使煤体产生裂纹，形成球盖状煤壳，然后煤体向裂隙内释放并积聚高压瓦斯，瓦斯使煤体裂纹扩张使形成的煤壳失稳破坏并抛向巷道空间，使应力峰值移向煤体内部，继续破坏后续的煤体，形成一个连续发展的突出过程。从能量的角度来看，突出过程中由地应力引起的弹性潜能主要消耗于煤体的破坏，真正决定煤体能否突出的是煤体破坏后做出释放出来的瓦斯膨胀能，称其为初始释放瓦斯膨胀能。

39. 煤与瓦斯突出的四个阶段

煤与瓦斯突出的四个阶段为突出准备、突出激发、突出抛出、突出终止。

1）突出准备阶段

该阶段煤体经历能量聚集、阻力降低两个过程。一是能量积聚的过程，如地应力的形成使其弹性能增加，孔隙压缩使瓦斯压缩能增高。二是阻力降低过程，如落煤工序使煤体由三向应力状态转为二向应力状态甚至单向应力状态，煤体强度骤然下降（阻力降低）。由于弹性能、压缩能的增高和应力状态的改变，煤体进入不平衡状态，外部表现为煤壁外鼓、掉碴、支架压力增大、瓦斯忽大忽小、发出劈裂及闷雷声或无声的各种突出预兆。

2）突出激发阶段

该阶段的特点是地应力状态突然改变，即极限应力状态的部分煤体突然破坏、卸载（卸压）并发生巨响和冲击，使瓦斯作用在破碎煤体上的推力顿时增加几倍到几十倍，伴随着裂隙的生成与扩张，膨胀瓦斯流开始形成，大量吸附瓦斯进入解吸过程而参与突出。

3）突出抛出阶段

该阶段具有两个互相关联的特点：一是突出从激发点起向内部连续剥离并破碎煤体，二是破碎的煤在不断膨胀的承压瓦斯风暴中边运送边粉碎。前者是在地应力与瓦斯压力共同作用下完成的，后者主要是瓦斯内能做功的过程。煤的粉化程度、游离瓦斯含量、瓦斯放散初速度、解吸的瓦斯量以及突出孔周围的卸压瓦斯流，对瓦斯风暴的形成与发展起着决定作用。在该阶段中煤的剥离与破碎不仅具有脉冲的特征，而且有时是多轮回的过程。

4）突出终止阶段

突出终止有以下两种情况：一是在剥离和破碎煤体的扩展中遇到较硬的煤体，或地应力与瓦斯压力降到不足以破坏煤体；二是突出孔道被堵塞，其孔壁由突出物支撑建立起新的平衡拱，或孔洞瓦斯压力因其被堵塞而升高，地应力与瓦斯压力梯度不足以剥离和破碎煤体。这时突出虽然停止了，但突出孔周围的卸压区与突出的煤涌出瓦斯的过程并没有停止，异常的瓦斯涌出还要持续相当长时间。

40. 矿井火灾的四大类型

（1）A类火灾：煤炭、木材、橡胶、棉、毛、麻等含碳的固体可燃物质燃烧形成的火灾。

（2）B类火灾：汽油、煤油、柴油、甲醇、乙醇、丙醇等可燃液体形成的火灾。

（3）C类火灾：煤气、天然气、甲烷、乙炔、氢气和可燃气体形成的火灾。

（4）D类火灾：钠、钾、镁等可燃金属燃烧形成的火灾，其特点是火源温度高。

41. 矿井自燃火源常分布的四大区域

矿井自燃火源常分布的四大区域：采空区，煤柱，巷道顶煤，断层附近。

42. 灭火的四大原理

（1）冷却：把燃烧物质的温度降低到燃点以下。

（2）隔离和窒息：使燃烧反应体系与环境隔离，抑制参与反应的物质。

（3）稀释：减低参与反应物（液、气体）的浓度。

（4）中断链反应：现代燃烧理论认为，燃烧反应是由于可燃物分解成游离状态的自由基与氧原子相结合，发生链反应后才能够形成。因此，阻止链反应发生或不使自由基与氧原子结合，就可以抑制燃烧，达到灭火的目的。

43. 矿尘的四大类别（按粒径分）

（1）粗尘。粒径大于40 μm，相当于一般筛分的最小颗粒，在空气中极易沉降。

（2）细尘。粒径为10～40 μm，肉眼可见，在静止空气中加速沉降。

（3）微尘。粒径为0.25～10 μm，用光学显微镜可以观察到，在静止空气中做等速沉降。

（4）超微尘。粒径小于0.25 μm，要用电子显微镜才能够观察到，在空气中做扩散运动。

44. 矿尘的四大危害

（1）污染作业环境，危害人体健康，引起职业病。

（2）某些矿尘（煤尘、硫化尘）在一定条件下可以爆炸。

（3）加速机械磨损，缩短精密仪器的使用寿命。

（4）降低工作场所的能见度，增加工伤事故的发生。

45. 尘肺病发病经历的四个过程

（1）在上呼吸道的咽喉、气管内，含尘气流由沿程的惯性碰撞作用使大于10 μm的尘粒首先沉降其内，经过鼻腔和气管黏膜分泌物黏结后形成痰排出体外。

（2）在上呼吸道的较大支气管内，通过惯性碰撞及少量的重力沉降作用，使 5～10 μm 的尘粒沉积下来，经过气管、支气管上皮的纤毛运动，咳嗽随痰排出体外。

（3）在下呼吸道的细小支气管内，由于支气管分支增多，气流速度减慢，使部分 2～5 μm 的尘粒依靠重力沉降作用沉积下来，通过纤毛运动排出体外。

（4）粒度为 2 μm 左右的粉尘进入呼吸性支气管和肺内后，一部分可随呼气排出体外，另一部分沉积在肺泡壁上或进入肺内，残留在肺内的粉尘仅占总吸入量的 1%～2% 以下。残留在肺内的尘粒可杀死肺泡，使肺泡组织形成纤维病变出现网眼，逐步失去弹性，无法担负呼吸作用，使肺功能受到伤害，降低了人体抵抗能力，并容易诱发其他疾病，如肺结核、肺心病等。

46. 影响尘肺病发病的四大因素

（1）矿尘的成分。能够引起肺部纤维病变的矿尘，多半含有游离的 SiO_2，其含量越高，发病工龄越短，病变的发展程度越快。

（2）矿尘的粒度及分散度。尘肺病变主要发生在肺脏的最基本的单元即肺泡内。矿尘粒度不同，对人体的危害也不同。5 μm 以上的矿尘对尘肺病的发生影响不大；5 μm 以下的矿尘可以进入下呼吸道并沉积在肺泡中，最危险的粒度是 2 μm 左右的矿尘。由此可见，矿尘的粒度越小，分散度越高，对人体的危害就越大。

（3）矿尘浓度。尘肺病的发生和进入肺部的矿尘量有直接的关系，也就是说，尘肺病的发病工龄和作业场所的矿尘浓度成正比。

（4）个体方面的因素。矿尘引起尘肺病是通过人体而进行的，所以人的机体条件，如年龄、营养、健康状况、生活习性、卫生条件等，对尘肺的发生、发展有一定的影响。

47. 瓦斯抽放泵站应具备的四大防护装置

这四大防护装置分别为防雷电设施、防火灾设施、防洪涝设施、防冻设施。

48. 煤尘爆炸机理的四个阶段

（1）煤本身是可燃物质，当它以粉末状态存在时，总表面积显著增加，吸氧和被氧化的能力大大增强，一旦遇见火源，氧化过程迅速展开。

（2）当温度达到 300～400 ℃时，煤的干馏现象急剧增强，放出大量的可燃气体，主要成分为甲烷、乙烷、丙烷、氢和 1% 左右的其他碳氢化合物。

（3）形成的可燃气体与空气混合在高温作用下吸收能量，在尘粒周围形成气体外壳，即活化中心，当活化中心的能量达到一定程度后，链反应过程开始，游离基迅速增加，发生了尘粒的闪燃。

（4）闪燃所形成的热量传递给周围的尘粒，并使之参与链反应，导致燃烧过程急剧地循环进行，当燃烧不断加剧使火焰速度达到每秒数百米后，煤尘的燃烧便在一定临界条件下跳跃式地转变为爆炸。

49. 矿井瓦斯管理的四个基本原则

1）矿井瓦斯分级管理原则

矿井瓦斯分级管理是矿井瓦斯管理的首要原则。所谓分级管理是指依据矿井瓦斯等级不同对矿井进行有区别的瓦斯管理，高瓦斯等级高管理要求。

2）消除矿井瓦斯致灾条件原则

采取必要的组织、技术和管理措施消除矿井瓦斯造成灾害的条件，即从防止瓦斯积聚、引燃、突出和瓦斯灾害事故扩大等方面消除瓦斯灾害条件，是矿井瓦斯管理的根本原则和主要目的。

3）矿井瓦斯分源治理原则

根据矿井瓦斯来源在矿井（采区）瓦斯涌出量中所占比重及其涌出规律而采取的相应的技术管理措施。

4）矿井瓦斯的综合治理原则

从通风管理、机电设备防爆管理、火药和爆破管理、火区管理、隔爆设施管理、瓦斯监测、抽放及排放管理、瓦斯防灾减灾设备和技术开发等多方面和多环节上，对矿井瓦斯实行系统全面治理，能有效地防治瓦斯灾害，是矿井瓦斯管理的重要举措和发展方向。

50. 四面打孔

四面打孔是指一种在竖井或巷道钻孔的方式，在距离一个大的中心孔等距离处钻四个孔，四个孔可连接成一个正方形，此后再旋转 45°，在上面的四个孔以外较大的距离处再同样钻四个孔。

51. 炸药化学变化的四种基本形式

炸药化学变化的基本形式分为四种：热分解、燃烧、爆炸和爆轰。

52. 四种爆破器材销毁方法

炸药已经变质不易继续储存和使用时，应及时销毁，销毁的方法有：爆炸法、焚烧法、溶解法和化学法。

53. 塑料四通接头

塑料四通接头是导爆管的连接元件，是用注塑方式生产的冒盖状反射式连接元件，封口端为圆弧状，开口端内侧有四个半弧状缺口用作导爆管的插口，上下螺旋接口，可保证使用过程中导爆管不会掉脱。

54. 煤田地质勘探 "四步曲"

第一步，找煤（初步普查）：寻找煤炭资源，即查明找煤区是否有煤系地层存在，确定含煤组的地层位置，并对区域的含煤情况作出有无进一步工作价值的评价，如果有价值还应确定最宜于作普查（详细普查）的地区。

第二步，普查（详细普查）：对工作地区含煤情况做初步研究，寻找有工业价值的含煤区域。勘探结果应对煤田有无开发建设的价值作出评价，为煤炭工业的远景规划和下一阶段的勘探工作提供必要的资料。

第三步，详查（初步勘探）：为矿区总体设计提供地质资料，其勘探成果要保证矿区规模、井田划分不致因地质情况而发生原则性的重大变化，对影响矿区开发的水文地质条件和其他开采条件作出评价。

第四步，精查（详细勘探）：为矿井设计提供可靠的地质资料，即满足设计部门选择井筒，确定水平运输巷、总回风巷的位置和划分初期采区的需要，保证井田境界和矿井井型不致因地质情况而发生重大变化；保证不致因煤质资料而影响煤的既定工业用途。

55. 井下高压电动机、动力变压器的高压控制设备必须具备的四大保护

这四大保护分别是短路保护、过负荷保护、接地保护和欠压释放保护。

56. 锚杆的四大类型

（1）机械式锚杆。

（2）摩擦式锚杆。

（3）黏结式锚杆。

（4）延伸和可切割、可回收锚杆。

57. 矿井四量

矿井地质资源量、矿井工业储量、矿井设计储量和矿井设计可采储量。

58. "四六"工作制

"四六"工作制是四班六小时工作制的简称。每昼夜分为 4 班，每班工作 6 h 的工时制度。这种组织形式将每个工人一个轮班标准劳动时间由法定的 8 h 改为 6 h，有利于保护从事繁重体力劳动和严重有毒有害作业工种工人的身体健康，也有利于充分利用有效工时，提高劳动效率。但是，由于这种轮班组织形式缩短了工人的工作时间，相应地增大了定员人数。所以，目前我国仅在从事特别繁重的体力劳动、矿山井下采掘、严重有毒有害等作业的少数工种中实行。

59. 冲击地压的四大类型

弹射、矿震、弱冲击和强冲击。

60. 原岩应力分布的四条基本规律

（1）实测铅直应力基本上等于上覆岩层的重量。

（2）水平应力普遍大于铅直应力。

（3）平均水平应力与铅直应力的比值随深度增加而减小。

（4）最大水平主应力和最小水平主应力一般相差较大。

61. 综合防尘四措施

（1）湿式钻眼。

（2）喷雾、洒水。

（3）加强通风防尘。

（4）加强个人防护。

62. 松软岩层的四大特性

松软岩层具有松、散、软、弱四大特性。

（1）"松"，指岩石结构疏松，密度小，孔隙度大。

（2）"散"，指岩石胶结程度很差或有未胶结的颗粒状岩层。

（3）"软"，指岩石强度很低，塑性大或黏土矿物质膨胀。

（4）"弱"，指手地质构造的破坏，形成许多弱面，如节理、片理、裂隙等破坏了原有的岩体强度，易破碎，易滑移冒落，但其岩石单轴抗压强度还是较高的。

63. "四掘两喷"

"四掘两喷"作业是指四班每班 6 小时进行掘进和两班每班 8 小时喷射混凝土作业交叉进行，为掘、支平行作业。掘进班为"四六"工作制，喷射混凝土班为"三八"工作制。这种作业方式循环安排均衡，循环时间充足，适应条件广。这种作业方式在岩层稳定，顶板条件好，锚杆支护时使用，在岩层局部破碎，采用打锚杆、挂金属网、喷射混凝土支护时也适用。

64. 四层组织

（1）矿务局的物资供应部门设立专门管理机构，负责制定在用物资管理的各项规章制度和经济政策，定期进行指导和检查，适时组织开展专业竞赛好创优争先活动，以推动基层工作的开展。

（2）生产矿井的物资供应部门建立相应地在用物资管理领导小组，负责对区队在用物资的管理情况进行检查、指导及余缺物资的平衡调剂等工作。

（3）区队设置专职的材料员和坑木代管理员，行政上归区队长领导，业务上接受供应部门的指导，负责编制区队在用物资的更新补充计划以及现场物资的使用、回收和复用等项工作。

（4）生产班组配备兼职材料和核算员，负责班组所需物资的支领和交接验收工作，记录在用物资的使用情况，并以班组为单位进行核算。

65. "四线"

煤壁一条线，溜子（刮板输送机）一条线，支架一条线，挡矸帘一条线。

66. 煤层的四大类型（按倾角分）

（1）近水平煤层：0°~8°（井工）；<5°（露天）。

（2）缓倾斜煤层：8°~25°（井工）；5°~10°（露天）。

（3）倾斜煤层：25°~45°（井工）；10°~45°（露天）。

（4）急倾斜煤层：45°~90°。

67. 读图的四个步骤

（1）看图名。不论什么地质图首先应该看图名。图名可以说明地质图件所在地区及图纸的种类，从而对图纸能反映些什么地质现象有清楚的概念。进而看图纸的比例尺，了解图纸上尺寸与实际尺寸的关系及图纸反映的地质现象的精度。

（2）判明方位。一般图纸常用箭头指示北方。如果图上没有标明方向，则图纸上的经纬线应是上北下南，左西右东。

（3）看图例。图例是表示地形、地物以及各种地质和构造现象的符号，是地质图件中不可缺少的部分。不知道图例就无法看懂地质图件。

（4）分析图中的内容。在了解了上述情况后，还应该了解地区地层系统，建立起该地区地层系统概念，而后看地形等高线，了解图区内的地形特征，并结合地质剖面图分析区内的地质构造特征。

68. 井田开拓方式的四大类

由于井田范围、煤层埋藏深度和煤层层数、倾角、厚度，以及地质构造等条件各不相同，矿井井巷开拓方式按井筒（硐）形式可分为四大类：立井开拓、斜井开拓、平硐开拓、综合开拓。

（1）主副井均为立井的开拓方式称为立井开拓。立井开拓对井田地质条件适应性很强，也是我国广泛采用的一种开拓方式。

（2）主副井均为斜井的开拓方式称为斜井开拓。随着技术和装备水平的提高，尤其是其具有长距离、大运量、连续提升的特点，使其使用范围正逐渐扩大。

（3）从地面利用水平巷道进入煤体的开拓方式称为平硐开拓。这种开拓方式常用在一些山岭和丘陵地区。

（4）主要井筒采用不同井筒形式进行开拓的称为综合开拓方式。从井筒（硐）组合形式上看，综合开拓方式主要有斜井—立井、平硐—斜井、平硐—立井及平硐—斜井—立井四种类型。

69. 煤尘爆炸的四个条件

（1）煤尘本身具有爆炸性。

（2）煤尘必须有足够的混合浓度（下限 45 g/m³，上限 1500～2000 g/m³）。

（3）具有高温热源，引燃温度为 610～1050 ℃。

（4）空气中的氧气浓度不低于 18%。

70. 煤层自燃的四大特征

通过国内外专家对煤炭自燃机理的研究可知，煤炭自燃会经过自热期、自燃期、燃烧期三个阶段，根据三个阶段燃烧的不同特点总结得出煤炭自燃的四大特征，分别是：

（1）空气和煤岩温度显著升高，空气湿度增加。

（2）空气中氧浓度降低。

（3）出现特殊气味（煤裂解气体，如乙烯、乙炔等）和火灾气味。

（4）空气中 CO、CO_2 浓度增加。

这些特征对及时发现自燃火具有重要的实际意义。

71. 煤炭自燃火区启封的四大条件

由于封闭的火区逐渐熄灭时，火区的气体成分、温度、压力等会发生明显的变化，《煤矿安全规程》规定：封闭的火区，只有经取样化验证实火已熄灭后，方可启封或者注销。火区同时具备下列条件且持续稳定 1 个月以上时，方可认为火已熄灭：

（1）火区内温度下降到 30 ℃ 以下，或与火灾发生前该区的空气日常温度相同。

（2）火区内的氧气浓度降低到 5% 以下。

（3）区内空气中不含有乙烯、乙炔，一氧化碳在封闭期间内逐渐下降，并稳定在 0.001% 以下。

（4）火区的出水温度低于 25 ℃，或与火灾发生前该区的日常出水温度相同。

72. 突出煤层鉴定四要素

采用煤层突出危险性指标进行突出煤层鉴定的，应当将实际测定的煤层瓦斯压力、煤的坚固性系数、煤的破坏类型、煤的瓦斯放散初速度作为鉴定依据。全部指标均处于表 4 – 1 中临界值范围的，确定为突出煤层；打钻过程中发生喷孔、顶钻等突出预兆的，确定为突出煤层。

表4-1　判定煤层突出危险性单项指标的临界值及范围

判定指标	煤的破坏类型	瓦斯放散初速度 Δp	煤的坚固性系数 f	煤层瓦斯压力 P/MPa
有突出危险的临界值及范围	Ⅲ、Ⅳ、Ⅴ	≥10	≤0.5	≥0.74

73. 煤层垂向瓦斯划分四带

　　根据对煤层瓦斯的赋存规律研究可知，当煤层具有露头或在冲击层之下有含煤盆地时，由于煤层内的瓦斯向地表运移和地面空气向煤层深部渗透，在沿煤层的垂向上会出现四个分带，即"CO_2—N_2""N_2""N_2—CH_4""CH_4"带，具体如图4-2所示。

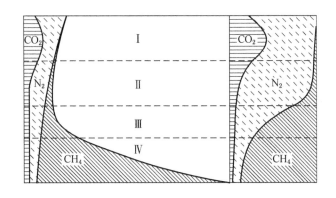

Ⅰ、Ⅱ、Ⅲ—三带统称为瓦斯分化带；Ⅳ—甲烷带

图4-2　煤层垂向瓦斯风化带图

74. 突出矿井四区

　　开拓区、抽采区、保护层开采区、被保护区。《防治煤与瓦斯突出细则》第二十三条规定：突出矿井在编制生产发展规划和年度生产计划时，必须同时编制相应的区域防突措施规划和年度实施计划，将保护层开采、区域预抽煤层瓦斯等工程与矿井采掘部署、工程接替等统一安排，使矿井的开拓区、抽采区、保护层开采区、被保护区按比例协调配置，确保在突出煤层采掘前实施区域防突措施。

75. 四不放过原则

　　四不放过原则是指在发生事故后，事故管理上要做到原因没查清楚不放过，当事人未受到处理不放过，群众未受到教育不放过，整改措施未落实不放过。

76. 煤矿工人的四大义务

（1）遵章守规，服从管理的义务。从业人员在作业过程中，应当严格遵守本单位的安全生产规章制度和操作规程，服从管理。依照法律规定，生产经营单位的从业人员不服从管理，违反安全生产规章制度和操作规程的，由生产经营单位给予批评教育，依照有关规章制度给予处分，造成重大事故，构成犯罪的，依照刑法有关规定追究刑事责任。

（2）正确佩戴和使用劳保用品的义务。正确佩戴和使用劳动防护用品是从业人员必须履行的法定义务，这是保障从业人员人身安全和生产经营单位安全生产的需要。从业人员不履行该项义务而造成人身伤害的，生产经营单位不承担法律责任。

（3）接受培训，掌握安全生产技能的义务。从业人员应当接受安全生产教育和培训，掌握本职工作所需的安全生产知识，提高安全生产技能，增强事故预防和应急处理能力。这对提高生产经营单位从业人员的安全意识、安全技能，预防、减少事故和人员伤亡，具有积极意义。

（4）发现事故隐患及时报告的义务。从业人员发现事故隐患或者其他不安全因素，应当立即向现场安全生产管理人员或者本单位负责人报告；接到报告的人员应当及时予以处理。这就要求从业人员必须具有高度的责任心，防微杜渐，防患于未然，及时发现事故隐患和不安全因素，预防事故发生。

77. 煤矿事故的四个等级

（1）特别重大事故，是指造成30人以上死亡，或者100人以上重伤（包括急性工业中毒，下同），或者1亿元以上直接经济损失的事故。

（2）重大事故，是指造成10人以上30人以下死亡，或者50人以上100人以下重伤，或者5000万元以上1亿元以下直接经济损失的事故。

（3）较大事故，是指造成3人以上10人以下死亡，或者10人以上50人以下重伤，或者1000万元以上5000万元以下直接经济损失的事故。

（4）一般事故，是指造成3人以下死亡，或者10人以下重伤，或者1000万元以下直接经济损失的事故。

78. 常用的避免或减少事故损失的四大安全技术

这四大安全技术分别是隔离、个体防护、设置薄弱环节、避难与救援。

1) 隔离

作为避免或减少事故损失的隔离，其作用在于把被保护的人或物与意外释放的能量或危险物质隔开。隔离措施有远离、封闭和缓冲三种。

（1）远离：把可能发生事故而释放出大量能量或危险物质的工艺、设备或工厂等布置在远离人群或被保护物的地方。例如，把爆破材料的加工制造、储存设施安置在远离居民区和建筑物的地方；一些危险性高的化工企业远离市区等。

（2）封闭：利用封闭措施可以控制事故造成的危险局面，限制事故的影响。

（3）缓冲：可以吸收能量，减轻能量的破坏作用。例如，安全帽可以吸收冲击能量，防止人员头部受伤。

2) 个体防护

实际上，个体防护用品也是一种隔离措施，它把人体与意外释放的能量或危险物质隔开。个体防护用品主要用于下述三种场合：

（1）有危险的作业。在危险源不能消除，一旦发生事故就会危及人身安全的情况下必须使用个体防护用品。但是，应该避免用个体防护用品代替消除或控制危险源的其他措施。

（2）为调查和消除危险而进入危险区域。

（3）事故的应急救援。

3) 设置薄弱环节

利用实现设计好的薄弱环节使事故能量按人们的意图释放，防止能量作用于被保护的人或物。一般地，设计的薄弱部分即使破坏了，却以较小的损失避免了较大的损失。常见的薄弱环节的例子如汽车发动机冷却水系统的防冻塞、锅炉上的易熔塞、在有爆炸危险的厂房上设置泄压窗、电路中的熔断器、驱动设备上的安全连接棒等。

4) 避难与援救

事故发生后应该采取措施控制事态的发展，但是，当判明事态已经发展到不可控制的地步则应迅速避难，撤离危险区。

按事故发生与伤害发生之间的时间关系，伤亡事故可分为两种情况：

（1）事故发生的瞬间人员即受到了伤害，甚至受伤害者尚不知发生了什么就遭受了伤害。例如，在爆炸事故发生瞬间处于事故现场的人员受到伤害的情况。在这种情况下人员没有时间采取措施避免伤害。为了防止伤害，必须全力以赴地控制能量或危险物质，防止事故发生。

（2）事故发生后意外释放的能量或危险物质经过一段相对较长的时间间隔才达到人体，人员有时间躲避能量或危险物质的作用。例如，发生火灾、有毒有害物质泄漏事故的场合，远离事故现场的人们可以恰当地采取避难、撤退等行动，避免遭受伤害。在这种情况下人们的行为正确与否往往决定他们的生死存亡。此时，避难与援救具有非常重要的意义。为了满足事故发生时的应急需要，在厂区布置、建筑物设计和交通设施的设计中，要充分考虑一旦发生事故时的人员避难和援救问题。为了在一旦发生事故时人员能够迅速地脱离危险区域，事前应该做好应急计划，并平时应该进行避难、救援演习。

79. 隔爆结合面用紧固零件失爆的四个条件（达到一个条件即失爆）

（1）螺栓和不透孔的配合，其螺纹余量不足防松垫圈厚度 1.5 倍的。

（2）紧固螺栓不允许穿透外壳，螺孔周围及底部厚度小于 3 mm 的。

（3）螺栓或螺孔滑扣、缺螺栓、螺栓松动、螺栓深入螺孔长度达不到直径一倍（铜、铝、铸铁外壳达不到 1.5 倍）的。

（4）用螺栓固定的隔爆面，其中弹簧垫圈破损、压不平、以大代小、失去弹性等之一者。

80. 爆炸材料存放严格执行"四对口"制度

爆炸材料存放严格执行"四对口"制度，是指账、卡、物、票"四对口"制度。

81. 操作好块煤重介分选机的四项基本原则

（1）分级好。分级好是指分选机入料中，小于 6 mm 粉煤量越少越好，粉煤量多，介质黏度高，使分选机处理量减少，分选速度慢，分选效率低。

（2）清水足。清水足是指脱介喷水要充足，以减少介耗，提高产品质量。

（3）比重准。比重准是操作的中心环节，比重准才能保证精煤合格，保证损失最少。

（4）无事故。无事故指安全生产不发生机械和人生事故。

82. 块煤重介分选机开车前的四项操作

（1）各部件运转是否有障碍物。

（2）斜轮、立轮、排煤轮、脱介筛及比重测定装置是否灵活，运转是否正常，有无异常声音。

（3）检查各固定筛、脱介筛系统的磨损情况，以及各悬浮液仓位及筛板是否正常。

（4）检查各运转轴润滑是否良好。

83. 影响重介旋流器的四种常见工作因素

（1）旋流器的结构形式，主要是指筒体直径，锥体的锥角，溢流口、底流口、入料口大小，筒体高度及溢流管和底流口的间隙。

（2）安装方式，有立式、卧式两种。

（3）入料压力大小。

（4）入料浓度大小。

84. 影响压滤机工作效果的四大主要因素

（1）入料浓度。入料浓度愈高，煤泥充满滤室的时间就愈短。同样的时间小，浓度愈大，滤饼的水分愈低。

（2）入料粒度。入料粒度粗，结饼松散则滤饼水分较高，压滤机主要适用于细黏煤泥的脱水。

（3）压滤时间。压滤时间愈长，滤饼的水分愈低，但这样又影响其处理能力，所以一般滤液流速呈滴状时，即可停压滤饼。

（4）入料压力。提高入料压力有利于缩短成饼时间和降低滤饼的水分。

85. 压滤机常见的四种故障及处理方法

（1）滤液出黑水。主要由于滤布破损，泄漏所致，应及时更换或缝补滤布。

（2）喷煤泥水。产生的原因一是可能升压太快，这时调整逐步升压；二是滤板可能不严，大多是由于板面夹有煤泥等杂物或滤布褶皱等引起的，一般处理后即可消除。

（3）头板移动过缓。应检查油泵系统，是否有问题。

（4）拉板装置失灵。应检查继电器有无问题。

86. 采掘工作面容易发生瓦斯爆炸的四种原因

（1）容易发生瓦斯积聚的地点多，导致瓦斯积聚和爆炸的自然因素复杂。

（2）引起瓦斯爆炸的引爆火源出现概率高。

（3）工作面风流中氧气充足。

（4）人多手杂，"三违"现象出现频率高。

87. 一氧化碳的四个特性

（1）无色、无味、无嗅。

（2）相对密度是 0.97，几乎能均匀扩散在空气中，微溶于水，能燃烧，但不能助燃。

（3）当浓度达到 13%～75% 时能爆炸。

（4）有强烈的毒性。

88. 加强瓦斯引爆火源的四种治理

防止明火，防止炮火，防止电火，其他引爆火源的治理。

89. 所有重大灾害事故的四大共同特征

突发性，灾难性，破坏性，继发性。

90. 矿井火灾的四大危害性

（1）产生大量有害气体。

（2）在火源及近邻处产生高温。

（3）引起爆炸。

（4）毁坏设备和资源。

91. 钢丝绳断裂的四种原因

磨损严重，锈蚀严重，超负荷运行，疲劳过度。

92. 四种道岔形式

单开道岔，对称道岔，渡线道岔，菱形道岔。

93. 矿井提升的四种对象

人员，设备，材料，煤炭（矸石）等。

94. 电机车运输信号的四种类型

灯光信号，音响信号，紧急停车信号，其他信号。

95. 安全管理的四种基本观点

系统观点，预防观点，强制观点，准确观点。

96. 常用的四种连接键

平键，花键，楔键，切向键。

97. 滚动轴承基本结构的四部分

外圈，内圈，滚动体，保持架。

98. 检修质量标准关于滑动轴承的四项规定

（1）轴瓦合金层与轴瓦瓦壳应牢固粘合，不得有脱壳现象。
（2）轴瓦合金层表面不得有夹杂物、气孔、裂纹等缺陷。
（3）轴颈与轴瓦的顶间隙应符合有关规定。
（4）轴瓦与轴颈的承载部分应有 $90° \sim 120°$ 的接触弧面。

99. 轴在轴承上的振动的四条规定

（1）转速在 500 r/min 以下时，振动不得超过 0.20 mm。
（2）转速在 500 ~ 600 r/min 之间时，振动不得超过 0.16 mm。
（3）转速在 600 ~ 750 mm 之间时，振动不得超过 0.12 mm。
（4）转速在 750 ~ 1000 r/min 之间时，振动不得超过 0.10 mm。

100. 齿轮传动的四种损坏形式

齿面点蚀；轮齿折断；齿面磨损；齿面胶合。

101. 滚动轴承运转时温度过高的四种原因

（1）润滑油脂不清洁或油脂质量不好。

（2）润滑油不足。

（3）轴承损坏。

（4）安装不好。

102. 液压传动的四大组成部分

能源部分，控制部分，工作部分，辅助部分。

103. 电路的四个组成部分

电路一般由电源、导线、控制设备和负载四部分组成。

104. 带式输送机的四大类型（按机身结构分）

绳架吊挂式，绳架落地式，钢架吊挂式，钢架落地式。

105. 煤突然倾出的四大特征

（1）倾出的煤炭按重力方向堆积。

（2）倾出的煤呈大小不同的碎块。

（3）倾出时伴随涌出大量瓦斯。

（4）倾出后的孔洞多呈现梨形、舌形、袋形、口大腔小，轴线沿倾斜方向伸展，倾角大于45°。

106. 输送带跑偏的四种主要原因

（1）机身高低不等。

（2）吊挂钢丝受力不均。

（3）输送带接头不平直。

（4）主动滚筒与机尾滚筒不平行。

107. 使用电气安全用具前应注意的四个问题

（1）是否符合规定要求。

（2）是否正常、清洁，有灰尘要擦拭干净，若有炭印应停止使用。

（3）绝缘工具不得有外伤。

（4）安全工具是否适用于准备使用的电压等级。

108. 电气安全用具在使用中应注意的四个问题

（1）无特殊防护装置的绝缘棒，严禁在下雨或下雪时进行室外操作使用。

（2）使用绝缘手套时，应内衬一副线手套。

（3）绝缘台用于室外时，须放在坚硬地面上。

（4）使用高压试电笔时，应戴绝缘手套和站在绝缘台上，逐渐接近有电设备，直至试电笔接触发光为止。

109. 造成过负荷的四种原因

（1）电源电压过低。

（2）重载起动。

（3）机械性的堵转。

（4）单相断相。

110. 断层的四大类型（按断层两盘相对运动方向分）

（1）正断层：断层上盘向下运动的断层。

（2）逆断层：断层上盘向上运动的断层。

（3）平移断层：断层两盘沿断层面做水平方向相对移动的断层。

（4）枢纽断层：断层的两盘以断层面上的一点为轴做旋转运动的断层。

111. 断层的四大类型（按落差分类分）

（1）特大型断层：断层落差$\geqslant 50$ m。

（2）大型断层：断层落差$20 \leqslant H < 50$ m。

（3）中型断层：断层落差$5 \leqslant H < 20$ m。

（4）小型断层：断层落差< 5 m。

112. 断层的四大类型（按断层走向与岩层走向的关系分）

（1）走向断层：断层走向与岩层走向基本一致。

（2）倾向断层：断层走向与岩层走向直交。

（3）斜向断层：断层走向与岩层走向斜交。

（4）顺层断层：断层面与岩层面基本一致。

113. 褶曲的四大要素

（1）核部：中心部位地层或岩层。
（2）两翼：核部两侧的岩层。
（3）枢纽：同一褶曲岩层面最大弯曲点的连线。
（4）轴面：由许多枢纽构成面。

114. 褶曲的四大类型（按轴面产状分）

（1）直立褶曲：轴面近于直立，两翼倾向相反，倾角近于相等。
（2）斜歪褶曲：轴面倾斜，两翼倾向相反，倾角不等。
（3）倒转褶曲：轴面倾斜，两翼向同一方向倾斜，有一翼地层层序倒转。
（4）平卧褶曲：轴面近于水平，一翼地层正常，另一翼地层倒转。

115. 处理顶板冒落空间内积聚瓦斯的四种方法

（1）充填隔离。
（2）挡风板引风。
（3）压风排除法。
（4）风袖导风。

116. 滑距在断层面上的四大类型

在断层面上滑距分为总滑距、走向滑距、倾斜滑距、铅直滑距四大类型。

117. 四班三运转

这种轮休制度是将工人组成四个班，实行早、中、晚三班轮流生产，一个班轮休。该制度组织比较灵活，在很多煤矿被广泛应用。

118. 煤矿"四型"建设

本质安全型、高效管理型、绿化环保型、平安和谐型。

第五章　数字"五"的术语

1. "五职"矿长

根据相关规定，各个煤矿必须配备"五职"矿长，具体是指矿长和分管安全、生产、机电、技术的副矿长。有的地方要求"五职"矿长中的安全矿长、技术矿长由政府部门选派。

2. 冲击矿压产生机理五个理论

（1）强度理论认为，产生冲击矿压时支架—围岩力学系统将达到力学极限状态。

（2）刚度理论认为，矿山结构的刚度大于围岩—支架刚度是产生冲击矿压的必要条件。

（3）能量理论认为，矿山开采中如果支架—围岩力学系统在其力学平衡状态破坏时的能量大于所消耗的能量时便会发生冲击矿压。

（4）冲击倾向理论认为，煤岩层冲击倾向性是煤岩介质的固有属性，是产生冲击矿压的内在因素。

（5）变形系统失稳理论认为，煤岩体内部高应力区局部形成应变软化，与尚未形成应变软化的介质处于非稳定平衡状态，在外界扰动下动力失稳，从而形成冲击矿压。

3. 电气五防

（1）防止带负荷分、合隔离开关。断路器、负荷开关、接触器合闸状态不能操作隔离开关。

（2）防止误分、误合断路器、负荷开关、接触器。只有操作指令与操作设备对应才能对被操作设备操作。

（3）防止接地开关处于闭合位置时关合断路器、负荷开关。只有当接地开关处于分闸状态，才能合隔离开关或手车才能进至工作位置，才能操作断路器、负荷开关闭合。

（4）防止在带电时误合接地开关。只有在断路器分闸状态，才能操作隔离开关或手车从工作位置退至试验位置，才能合上接地开关。

（5）防止误入带电间隔。只有隔室不带电时，才能开门进入隔室。

4. 防治水五字方针

煤矿防治水工作必须坚持"预测预报，有疑必探，先探后掘，先治后采"的原则，在查清水文地质资料的基础上，采取"防、堵、疏、排、截"综合治理措施，称之为"防治水五字方针"。即合理留设各类防隔水煤（岩）柱，注浆封堵具有突水威胁的含水层，探放老空水、对承压含水层进行疏水降压，完善矿井排水系统和加强地表水的截流治理。

5. 井巷揭煤工作面防突五措施

超前钻孔预抽、排放瓦斯，金属骨架，煤体固化，水力冲孔，其他经试验证明有效的措施。

6. 采用钢丝绳牵引带式输送机的"五大保护"装置

（1）过速保护。
（2）过电流和欠电压保护。
（3）钢丝绳和输送带脱槽保护。
（4）输送机局部过载保护。
（5）钢丝绳张紧车到达终点和张紧重锤落地保护。

7. 从安全管理角度研究防止安全生产事故发生的"五大原理"

这五大原理是指可能预防的原理、偶然损失的原理、继发原因的原理、选择对策的原理、危险因素防护的原理。

1）可能预防的原理

工伤事故是人灾，与天灾不同，人灾是可以预防的，要想防止事故发生，应立足于防患于未然。因而，对工伤事故不能只考虑事故发生后的对策，必须把重点放在事故发生前的预防对策。安全工程学把防患于未然作为重点，安全管理强调预防为主的方针，正是基于事故可能预防的这一原则上的。

2）偶然损失的原理

　　工伤事故的概念，包括两层意思：一是发生了意外事件；二是因事故而产生的损失。所谓损失包括人的死亡、受伤致残、有损健康、精神痛苦等；损失还包括物质方面的，如原材料、成品或半成品的烧毁或者污损，设备破坏，生产减退、赔偿金支付以及市场的丧失等。

　　可以把造成人的损失的事故，称之为人身事故；造成物的损失事故称之为物的事故。人身事故又分为三种：一是由于人的不安全动作引起的事故，例如绊倒、高空坠落、人物相撞、人体扭转等；二是由于物的运动引起的事故，例如人受飞来物体的打击、重物压迫、旋转物夹持、车辆压撞等；三是由于接触高温或低温物体，吸入有毒气体或接触有害物质等引起的事故。因而，事故与损失之间存在着下列法则：一个事故的后果产生的损失大小或损失种类由偶然性决定；反复发生的同种类事故，并不一定造成相同的损失。

　　3）继发原因的原理

　　事故与原因是必然的关系，事故与损失是偶然的关系。继发原因的原理，就是因果的继承性。

　　造成事故的直接原因是事故前时间最近的一次原因，或称近因；造成直接原因的原因叫间接原因，又称"二次原因"；造成间接原因的更深远的原因叫基础原因，称远因。企业内部管理欠缺、行业和主管部门在政策、法令、制度上的缺陷以及学校教育、社会、历史上的原因，可列为基础原因。由基础原因继发间接原因，再继发到直接原因。直接原因又可分为人的原因和物的原因。人与物相互继发均可能发生事故。所以，预防事故必须从直接原因追踪到基础原因；防止危险源继发成事故就必须控制危险源，并对其加强安全管理，特别是把能量管理好。

　　4）选择对策的原理

　　针对原因分析中造成的事故的三个重要原因：技术原因、教育原因、管理原因，可采取技术的对策、教育的对策、法制的对策。预防事故发生最适当的对策是在原因分析的基础上得出来的，以间接原因及基础原因为对象的对策是根本的对策。采取对策越迅速、越及时而且越确切落实，事故发生的概率越小。

　　5）危险因素防护原理

　　（1）消灭潜在危险原则。用高新技术消除劳动环境中的危险和有害因素，从而保证系统的最大可能的安全性和可靠性，最大限度地防护危险因素。

　　（2）降低危险因素水平的原则。当不能根除危险因素时，应采取降低危险和有害因素的数量，如加强个体防护、降低粉尘、毒物的个人吸入量。

（3）距离防护原则。生产中的危险和有害因素的作用，依照与距离有关的某种规律而减弱。如防护放射性等致电离辐射，防护噪声，防止爆破冲击波等均应用增大安全距离以减弱其危害。采用自动化、遥控，使作业人员远离危险区域就是应用距离防护原则的安全方向。

（4）时间防护原则。这一原则是使人处在危险和有害因素作用的环境中的时间缩短到安全限度之内。

（5）屏蔽原则。在危险和有害因素作用范围内设置屏蔽，防护危险和有害因素对人的侵袭。屏蔽分为机械的、光电的、吸收的（如铅板吸收放射线）等等。

（6）坚固原则。提高结构强度，增大安全系数。

（7）薄弱环节原则。利用薄弱元件，使它在危险因素尚未达到危险值之前预先破坏，例如保险丝、安全阀、爆破片等。

（8）不与接近原则。指人不落入危险和有害因素作用的地带，或者在人操作的地带中消除危险物的落入，例如安全栏杆、安全网等。

（9）闭锁原则。这一原则是以某种方式保证一些元件强制发生相互作用，以保证安全操作。例如防爆电气设备，当防爆性能破坏时则自行切断电源。

（10）取代操作人员的原则。特殊或严重危险条件下，用机器人代替人操作。

8. 海因里希的事故因果连锁论包括的五大环节

这五大环节包括遗传及社会环境、人的缺点、人的不安全行为或物的不安全状态、事故、伤害。

（1）遗传及社会环境。遗传因素及社会环境是造成人的性格上缺陷的原因。遗传因素可能造成鲁莽、固执等不良性格；社会环境可能妨碍教育，助长性格上的缺点发展。

（2）人的缺点。人的缺点是使人产生不安全行为或造成机械、物质不安全状态的原因，它包括鲁莽、固执、过敏、神经质、轻率等性格上的先天缺点，以及缺乏安全生产知识和技能等后天缺点。

（3）人的不安全行为或物的不安全状态。所谓人的不安全行为或物的不安全状态是指那些曾经引起事故，或者可能引起事故的人的行为，或机械、物质的状态，它们是造成事故的直接原因。例如，在起重机的吊物下停留，不发信号就启动机器，工作时间打闹，或拆除安全防护装置等都属于人的不安全行为；没有防护的传动轮，裸露的带电体，照明不良等属于物的不安全状态。

（4）事故。事故是由于物体、物质、人或放射线的作用或反作用，使人员受到伤害或可能受到伤害的、出乎意料之外的、失去控制的事件。坠落、物体打击等使人员受到伤害的事件就是典型的事故。

（5）伤害。它是指直接由于事故产生的人身伤害。

9. 管理的五大机能

管理的五大机能是指计划、组织、指导、协调、控制。

10. 刚性试验机岩石破坏的五个阶段

弹性阶段、线弹性阶段、弹塑性阶段、塑性阶段、后破坏阶段。

11. 围岩支护五大理论

悬吊理论、组合梁理论、组合拱（压缩拱）理论、最大水平应力理论、围岩强度强化理论。

12. "五掘三喷"

这种作业方式是指五个小班掘进，三个大班喷射混凝土，交叉平行作业。这种方式适合于地质条件较好、顶板稳定、材料供给及时、设备维修好、操作人员技术熟练的条件下进行快速施工。

13. 关键层理论的五大特征

将对采场上覆岩层局部或直至地表的全部岩层活动起控制作用的岩层称为关键层。采场上覆岩层中的关键层有如下五大特征：

（1）几何特征，相对其他同类岩层单层厚度较厚。

（2）岩性特征，相对其他岩层较为坚硬，即弹性模量较大，强度较高。

（3）变形特征，关键层下沉变形时，其上覆全部或局部岩层的下沉量同步协调。

（4）破断特征，关键层的破断将导致全部或局部上覆岩层的同步破断，引起较大范围内的岩层移动。

（5）承载特征，关键层破断前以"板"（或简化为"梁"）的结构形式作为全部岩层或局部岩层的承载主体，破断后则成为砌体梁结构，继续成为承载主体。

14. 五个同时到现场

（1）巷道开口时，由设计单位牵头，施工单位、安全部门、地测部门要同时到现场。

（2）巷道贯通及改拆通风设施时，由通风部门牵头，技术部门、施工单位、安全部门、地测部门同时到现场。

（3）设备安装验收时，由机电部门牵头，施工单位、安装部门、安监部门同时到现场。

（4）巷道出现地质变化时，由地测部门牵头，技术部门、施工单位、安全部门同时到现场。

（5）巷道探放水时，由地测部门牵头，开拓掘进部门、安全部门、施工单位、维修队同时到现场。

15. 在用物资的五项基本要求

（1）健全科学合理的管理制度。

（2）建立健全原始记录制度。

（3）组建专业回收队或兼职回收队。

（4）建立健全经济责任制。

（5）完善必要的物资使用情况统计分析制度。

16. 采煤工艺的五个工序

传统的采煤工艺为"破、装、运、支、回"；综合机械化采煤工艺为"破、装、运、支、处"，五个主要生产工序全部实现机械化。

17. 采煤工作面冒顶事故的五种预兆

（1）顶压增大，支柱下缩或发生断梁折柱，并发出响声。

（2）顶板下沉，掉渣或断裂、有漏顶现象。

（3）偏帮增多。

（4）瓦斯涌出量增大。

（5）顶板有淋水时淋水明显增多。

18. 岩体的五种基本类型（按结构特征划分）

整体结构，块状结构，层状结构，碎裂结构，松散结构。

19. 决定巷道支护形式的五大因素

围岩性质，压力大小，服务年限，用途，断面现状。

20. 临时密闭的五种形式

帆布密闭，充气密闭，伞式密闭，木板密闭，混凝土块密闭。

21. 矿井火灾发生时控制风流的五种措施

（1）控制风压。
（2）尽可能利用火源附近巷道，将火灾气体直接导入总回风道排至地面。
（3）增减风量。
（4）停风。
（5）反风。

22. 砌墙时的五项工程质量

（1）用砖、料石砌墙时，竖缝要错开，横缝要水平，排列必须整齐。
（2）砂浆要饱满，灰缝要均匀一致。
（3）干砖要浸湿。
（4）墙心逐层用砂浆填实。
（5）墙厚要符合标准。

23. 采煤工作面爆破的"五不、三高、两少"

"五不"：
（1）不崩坏顶板，保证安全生产和降低含矸率。
（2）不崩到支柱。
（3）不崩动刮板输送机、挤坏油管和电缆。
（4）不留底煤，以减少人工起底的工作量。
（5）不出大块煤，以便装运，减少人工二次破碎时的工作量。
"三高"：爆破自装率高、块煤率、采出率高。防止爆破过程中把煤抛到采空区一侧，减少人工清扫浮煤，提高煤炭采出率。

"两少"：

（1）时间消耗少。尽量增加一次爆破的炮眼个数，减少爆破次数，缩短爆破辅助时间。

（2）材料消耗少。合理布置炮眼，装药适当，降低炸药和雷管的消耗。

24. 衡量矿井气候条件常用的五大类指标

衡量矿井气候条件常用的五大类指标分别为干球温度、湿球温度、等效温度、同感温度、卡他度。

25. 煤矿常见的五大类外因火源

（1）电能热源。电（缆）流短路或导体过热；电弧电火花，烘烤（灯泡取暖），静电等。

（2）摩擦热。如输送带与滚筒摩擦、输送带与碎煤摩擦以及采掘机械截齿与砂岩摩擦等。

（3）放明炮、糊炮、装药密度过大或过小、钻孔内有水、炸药受潮以及封孔炮泥长度不够或用可燃物（如煤粉、炸药包装纸等）代替炮泥等违反爆破操作规程的操作都有可能发生爆燃。

（4）液压联轴器喷油着火引燃周围可燃物，酿成多起火灾。

（5）明火（高温焊渣、吸烟）。明火也是产生外因火灾的重要原因之一。明火主要产生于加热器、喷灯、焊接和切割作业，烟头也时有酿成火灾的可能。

26. 煤尘爆炸的五大特征

（1）形成高温、高压、冲击波。煤尘爆炸火焰温度为 1600～1900 ℃，爆源的温度达到 2000 ℃以上，这是煤尘爆炸得以自动传播的条件之一。

（2）煤尘爆炸具有连续性。由于煤层爆炸具有很高的冲击波速，能将巷道中落尘扬起，甚至使煤体破碎形成新的煤尘，导致新的爆炸，有时可如此反复多次，形成连续爆炸，这是煤尘爆炸的重要特征。

（3）煤尘爆炸的感应期。煤尘爆炸有一个感应期，即煤尘受热分解产生足够数量的可燃气体形成爆炸所需的时间。根据试验，煤尘爆炸的感应期主要决定于煤的挥发分含量，一般为 40～280 ms，挥发分越高，感应期越短。

（4）挥发分减少或形成"黏焦"。煤尘爆炸时，参与反应的挥发分约占煤尘挥发分含量的40%～70%，致使煤尘挥发分减少。根据这一特征，可以判断煤尘是否参与了井下的爆炸。对于气煤、肥煤、焦煤等黏结性煤的煤尘，一旦发生爆炸，一部分煤尘会被焦化，黏结在一起，沉积于支架和巷道壁上，形成煤尘爆炸所特有的产物——焦炭皮渣或黏块，统称为"黏焦"。"黏焦"也是判断井下发生爆炸事故时是否有煤尘参与的重要标志。

（5）产生大量的 CO。煤尘爆炸时产生的 CO，在灾区气体中的浓度可达2%～3%，甚至到达8%左右。爆炸事故中的大多数受害者（70%～80%）是由于 CO 中毒造成的。

27. 停电检修前应做好的五项工作

（1）停电、闭锁。

（2）验电。

（3）放电（每相对地和相间）。

（4）地面打封闭线。

（5）悬挂停电牌和装设临时遮拦（或隔板）。

28. 电气检修停送电要坚持采取的五项措施

（1）严禁带电作业、带负荷拉合刀闸。

（2）接触导电体前必须在上一级开关进行停电、闭锁、挂牌，然后验电放电（地面打封闭线），最后方准工作（电源与负荷间有绝缘隔板的馈电开关可以用本开关停电，拆接负荷线）。

（3）停送电要有专人联系，送电时必须对牌、对号，并瞬间试送一次，间隔5～10 s 后方准正式送电。

（4）1140 V 以上电压操作要戴绝缘手套，穿电工绝缘胶鞋或站在绝缘台上；1140 V 以下电压操作要戴绝缘手套或穿电工绝缘靴。

（5）同一线路多处工作，各自摘挂自己的停电牌，最后摘牌者负责送电。

29. 我国煤矿许用炸药的五个分级（按所含瓦斯安全性分）

一级煤矿许用炸药：100 g 发射臼炮检定合格，可用于低瓦斯矿井。

二级煤矿许用炸药：150 g 发射臼炮检定合格，一般可用于高瓦斯矿井。

三级煤矿许用炸药：试验法 1，450 g 发射臼炮检定合格；试验法 2，150 g

悬吊检定合格。可用于瓦斯与煤尘突出矿井。

四级煤矿许用炸药：250 g悬吊检定合格。

五级煤矿许用炸药：450 g悬吊检定合格。

30. 岩石中爆破作用的五种破坏模式

（1）炮孔周围岩石的压碎作用。

（2）径向裂隙作用。

（3）卸载引起的岩石内部环状裂隙作用。

（4）反射拉伸引起的"片落"和引起径向裂隙的延伸。

（5）爆炸气体扩展应变波所产生的裂隙。

31. 块煤重介分选机的停车五步骤

（1）接到调度的停车指令后，首先停止原料煤系统，停止分选机的入料。

（2）把分选槽内浮煤及沉矸排净后停止排煤轮运转。

（3）通知砂泵停止运输悬浮液，并把分选槽内的悬浮液撤回。

（4）待脱介筛上的物料排完后，停脱介筛，悬浮液排空后停斜（立）轮，最后停止给水。

（5）待稀悬浮液仓内基本空仓后停磁选机。

32. 操作块煤重介分选机的五项要求

（1）定时检测密度。根据各单位原料煤的性质及变化情况，每间隔20～30 min，应观测一次工作介质的密度是否符合要求，或密度自动测试调整装置是否工作正常。

（2）保证产品质量。根据各单位原料煤的性质及变化情况，合理地调整分选密度。对于焦煤首先应当保证精煤产品合格，对于动力煤首先应保证矸石中损失煤炭资源最少。

（3）减少加重质消耗。介耗是重介质选煤的又一项主要技术经济指标，它不仅关系到原材料的消耗量大小，而且更主要影响重介系统生产的稳定性。

（4）及时观察原煤量的大小及入料中细粒级含量。要求入料量要均匀稳定，粉末煤量要尽可能得少，以保证有较高的分选效率。

（5）定时检查各部设备运转正常，防止机械故障和事故的发生。

33. 斜轮与立轮分选机相比其他分选机的五大优点

（1）入料粒度大，范围宽。一般入料粒度在 6～300 mm。

（2）浮物与沉物分别从上部与下部排出，相差距离较大，对分选界影响小，有利于提高分选效率，斜轮与立轮的可能偏差能保证在 0.02～0.05 之间。

（3）不采用溢流排料，采用链轮排料，故悬浮液循环量少，每吨煤所需悬浮液只有 0.8～1.0 m³/t 煤。

（4）由于在悬浮液中没有轴承、链轮等运动部件，故而机械磨损较小。

（5）在相同处理量的情况下，斜轮、立轮分选机具有体积小、重量轻、功能少等优点。

34. 提高悬浮液稳定性的五个方法

（1）加重质的粒度。粒度越细悬浮液的稳定性越好，所以要求加重质的粒度最大不超过 0.1 mm，其中小于 0.074 mm 的占 60%～70% 以上。

（2）加重质的密度。加重质的密度越小，稳定性越好。选用低密度的加重质可以提高稳定性，但也有一定的限度。因为加重质的密度越小配成规定密度的悬浮液的固定容积浓度越大，黏度越高，这对分选过程不利，一般情况下容积浓度不大于 26%～33%，否则应采用较高密度的加重质。

（3）悬浮液的密度。加重质不变时，悬浮液的密度越大，悬浮液的稳定性越好，同时悬浮液的黏度增加；悬浮液的密度较高应采用粒度较大、密度较高的加重质，以便保证黏度和稳定性之间的平衡关系。

（4）泥质的影响。悬浮液中如混合一些密度较低、粒度很小的微细泥质，能显著地增加悬浮液的稳定性和密度。当悬浮液的主要矛盾是稳定性（如低分选密度），有意加入一部分微细泥质以提高悬浮液的稳定性，这比减少加重质的粒度来提高稳定性要经济得多。当主要矛盾是黏度时，则应设法清除这些细粒泥质，降低黏度，以保证有较好的分选效果。

（5）分选机内的水平液流和垂直液流联合使用且分配得当，也可以提高悬浮液的稳定性。

35. 影响跳汰机工作的五个因素

矿石性质，频率和振幅，风量和水量，床层状态，产物排放。

36. 跳汰机操作应掌握的五项技能

（1）跳汰机的启动和停车。

（2）跳汰机的操作指标。

（3）跳汰机各因素的调整。

（4）探杆的使用。

（5）常见故障产生的原因和处理方法。

37. 离心机常见的五种故障原因及处理方法

（1）异常声响。由于离心机筛篮和刮刀间的间隙较小，有时两者会发生摩擦，以及螺栓松动等都会发生异常声响；另外，物料堵塞或物料中有大颗粒进入也会造成异常声响。因此，应及时停止设备的运转，找出原因，排除故障。

（2）震动过大。当发现脱水机震动过大时，要查看地脚螺栓有无松动，筛篮与刮刀间的煤道是否堵塞，螺栓的隔振性能是否失效，然后根据问题产生的原因提出处理办法。

（3）漏油。如果离心液或煤中带有油花，而减速器和油箱放油孔的螺栓又未脱出，应检查密封圈是否失效。

（4）油压系统故障。检查油量是否充足，油质是否符合要求，油管是否堵塞。此时要更换润滑油或冲洗、疏通油路。

（5）脱水效果不好。检查是否因三角带松弛从而导致筛篮转速变慢造成的，确实如此应马上调整。

38. 瓦斯监测工应建立的五项记录

（1）瓦斯监测工应将在籍的装置逐台建账。

（2）认真写设备及仪表台账。

（3）传感器使用管理卡片。

（4）故障登记表。

（5）检修校正记录。

39. 影响煤层瓦斯含量的五个因素

（1）煤的变质程度。

（2）围岩的性质。

（3）煤矿赋存条件。

（4）地质条件。

（5）水文地质条件。

40. 矿井空气中一氧化碳的五个来源

矿井火灾，煤炭自燃，瓦斯与煤尘爆炸，爆破工作，润滑油高温分解。

41. 采煤工作面上隅角出瓦斯积聚的五种处理方法

引导分流法，全风压巷道排放法，充填置换法，风压调节法，调整通风方式法。

42. 爆破后必须进行的五项工作

巡视爆破地点，撤除警戒，发布作业命令，洒水降尘，处理拒爆。

43. 井下安全装药的五大程序

验孔，清孔，装药，封孔，电雷管脚线末端扭结。

44. 爆破工的五项职责

（1）严格执行"一炮三检制"。

（2）遵守领退制度，保证爆破材料不丢失。

（3）遵守运送制度，保证沿途安全。

（4）遵守安全爆破各项操作规程，保证爆破过程安全。

（5）遵守处理爆破故障及特殊情况下爆破的规定和要求，防止爆破事故的发生。

45. 预防瓦斯燃烧的五项措施

（1）保证良好的通风，及时排出煤尘及煤堆渗出的瓦斯。

（2）使用合格的爆破材料，禁止使用变质炸药。

（3）合理布置炮眼，炮眼与炮眼的角度要一致，最小抵抗线不能过小。

（4）延长通风时间，实施毫秒爆破。

（5）清除炮眼内的煤粉，不用可燃性材料代替充填炮眼。

46. 过滤器的五大组成部分

过滤器由下外壳、上外壳、前封袋口、后封袋口、过滤器等部件组成。

47. 不得使用电机车的五种情况

当电机车的闸、灯、警铃、连接装置和撒砂装置，如何一项不正常或防爆部分失去防爆性能时，都不得使用该机车。

48. 矿井提升设备的五大组成部分

提升机，提升容器，提升钢丝绳，天轮井架，装载附属装置。

49. 下井人员必须携带的五样物品

矿灯，自救器，安全帽，胶鞋，毛巾。

50. 矿井大型设备常用的五种联轴器

（1）刚性联轴器。
（2）弹性圈柱销联轴器。
（3）尼龙柱销联轴器。
（4）蛇形弹簧联轴器。
（5）齿轮联轴器。

51. 滚动轴承的五个缺点

（1）运转中承受冲击振动能量较差。
（2）只能沿轴向卸载。
（3）成本高。
（4）径向尺寸大。
（5）运转中有噪声。

52. 变压器渗油对运行的五种影响

（1）长期渗漏油会引起油面严重下降，甚至引起瓦斯保护装置发出信号。
（2）外壳上积聚的油垢会影响变压器的散热能力。
（3）渗漏可降低附属设备及导线的绝缘强度。

（4）影响设备外貌的整洁和环境卫生。

（5）恶化消防条件。

53. 常见的五种绝缘体

玻璃、陶瓷、橡胶、塑料和石蜡等。

54. 井下电气设备的"五小件"

电铃，按钮，打点器，三通，四通。

55. 单相接地故障的五种原因

（1）机械损伤破坏绝缘。

（2）电缆接线工艺粗糙，有毛刺。

（3）接头脱落碰及外壳。

（4）热补或冷补质量不合格。

（5）线路上出现"鸡爪子""羊尾巴"等。

56. 井下高压电气设备应有的五项保护

（1）欠压释放保护。

（2）短路保护。

（3）过负荷保护。

（4）选择性接地保护装置。

（5）真空高压隔爆开关还应装过电压保护。

57. 井下低压电气设备应有的五项保护

（1）短路保护。

（2）过负荷保护。

（3）单相断线保护。

（4）漏电闭锁保护。

（5）远程控制装置。

58. 瓦斯抽放方法的五大类别（按瓦斯抽放空间不同分）

地面钻孔瓦斯抽放，开采层瓦斯抽放，邻近煤层瓦斯抽放，采空区瓦斯抽放，围岩瓦斯抽放。

59. 一通三防"五图"

通风系统图,防尘系统图,防灭火系统图,安全监控系统图,瓦斯抽放系统图。

60. 一通三防"五板"

局部通风管理牌板，通风设施管理牌板，防尘设施管理牌板，通风仪器仪表管理牌板，安全监测管理牌板。

61. 五大生产系统

煤矿生产过程中的采煤、掘进、机电、运输、通风,称之为煤矿"五大系统"。

62. 五大灾害

在矿井中发生的水、火、瓦斯、煤尘、顶板等灾害,称之为煤矿"五大灾害"。

63. 隐患整改的"五定"原则

在煤矿隐患整改中必须坚持定责任、定人员、定时限、定措施、定资金的五大原则，称之为"五定"原则。

64. 矿工自救的五字原则

（1）灭：将事故消灭在初始阶段。
（2）护：用器材保护自己。
（3）撤：以最快速度撤离灾区。
（4）躲：躲避到硐室待援。
（5）报：及时上报灾情。

65. 综合防尘措施五字诀

（1）风：通风除尘。
（2）水：湿式作用降尘。
（3）密：密闭抽尘。
（4）净：净化空气风流除尘。
（5）护：个体防护防尘。

第六章 数字"六"的术语

1. 煤矿"六零"目标

零死亡，零超限，零突出，零透水，零自燃，零冲击。

2. 煤电钻必须使用的"六大保护"

这"六大保护"分别是检漏、漏电闭锁、短路、过负荷、断相、远距离起动和停止煤电钻功能的综合保护装置。

3. 煤矿井下安全避险六大系统

监测监控系统，人员定位系统，紧急避险系统，压风自救系统，供水施救系统，通信联络系统。

4. 处理井下水害的六大原则

（1）必须了解突水的地点、性质、估计突水量、静止水位、突水后涌水量、影响范围、补给水源以及有影响的地面水体。

（2）掌握突水灾区范围。如事故前人员分布、矿井中有生存条件的地点、进入该地点的可能通道，以便迅速组织抢救。

（3）按积水量、涌水量组织强排，同时发动群众堵塞地面补给水源，排除有影响的地表水，必要时采用灌浆堵水。

（4）加强排水与抢救中的通风，切断灾区电源，防止一切火源。防止瓦斯和其他有害气体积聚和涌出。

（5）排水后侦察、抢救时，要防止冒顶、掉底和二次突水。

（6）搬运和抢救遇险者，要防止突然改变伤员已适应的环境和生存条件，造成不应有的伤亡。

5. 巷道断面的六种形式

矩形，梯形，拱形，圆形，多角形，不规则形状。

6. 防止瓦斯爆炸事故扩大的六项措施

（1）编制周密的预防和处理瓦斯爆炸事故的计划，掌握预防瓦斯爆炸的基本知识和有关规章制度。

（2）实行分区通风。

（3）优化矿井通风系统。

（4）主要通风机出风井口应安装防爆门。

（5）主要通风机必须有反风装置，能在 10 min 内改变巷道中的风流方向。

（6）在连接矿井两翼、相邻采区和相邻煤层巷道中设置岩粉棚或水幕。

7. 单开道岔的六大组成部分

尖轨，基本轨，转辙机构，辙岔，过渡轨，护轮轨组成。

8. 煤的压出的六大特征

（1）压出的煤岩按力的作用方向堆积，一般位于原位置的对面或偏下方。

（2）煤堆的堆积角一般小于自然安息角。

（3）压出的煤呈大小不同的碎块。

（4）压出时有大量瓦斯涌出。

（5）压出时孔洞一般为楔形、缝形或口袋形，口大腔小，不少压出不见孔洞。

（6）压出时可推移设备，折断支架。

9. 预防自燃火灾的六项具体技术措施

（1）改进巷道布置方式和采煤方式。

（2）充灌不燃性泥浆。

（3）实行均压措施。

（4）注洒阻化剂。

（5）采空区压注氮气。

（6）及时封闭可能发火的区域。

10. 六种防突安全防护措施

（1）震动爆破，远距离爆破。

（2）反向风门。

（3）栅栏。

（4）避难硐室。

（5）压风自救系统。

（6）隔离式自救器。

11. 内因火灾的六个易发地点

（1）煤层巷道或回采工作面的冒顶处。

（2）回采工作面的上三角留下的阶段保护煤柱。

（3）采区水平巷道、回采工作面的流煤道和段间煤柱。

（4）旧火区内。

（5）掘进回采过程中遇到的未充填实的旧巷道、旧火区、旧采区。

（6）下分层回采工作面的进回风巷周围。

12. 造成矿井水害的常见的六大水源

大气降水、地表水、含水层水、岩溶陷落柱水、断层水、采空区积水。

13. 通风安全管理体系的六大原则

1）层级原则

这要求各层管理机构要分工和责任明确，即体系中每个人员应明确自己的岗位、任务、职责和权限；上级是谁，对谁负责；自己的工作程序和信息渠道，如何取得需要的决策和指令，从何处取得需要的合作。层级原则是管理体系高效运行的基础。

2）统一指挥原则

一个工作人员只能接受同一指令或指挥，如果需要两个以上部门或领导人同时指挥时，在下达命令之前这些部门或领导人应相互沟通，这样才不会让下级无所适从。如果一个领导在下达命令时由于情况紧急，来不及同其他领导人沟通，事后必须及时把情况向其他领导讲清楚，以形成统一意见，避免出现多头指挥；当下级发现指挥矛盾时，应及时向上级反映，要求协调与更正，同时下级也要增强适应性，善于将不同的要求协调起来。

3）责权一致原则

在委以责任的同时，必须同时委以完成任务所需要的相应的权利。有责无权不能充分发挥管理人员的积极性和主动性，使责任制形同虚设，无法完成任务；有权无责则必然助长官僚主义和瞎指挥。

4）适当授权原则

在组织机构大、业务繁杂时，领导可将部分事情的决定权由高层转至下一层，某些职能转交给下级，也可把某一项特殊任务的处理权交给下级，完成任务后再收回。在授权时，责任不能下授，出了问题领导还要承担责任，以免授权者撒手不管。

5）分工与协作原则

为了提高工作效率，必须把通风管理工作的各项任务和目标分配给各层结构和个人。通过分工可使人们专心从事某一方面的工作，对工作的程序、方式、方法更加熟练，有利于提高工作效率；协作是与分工相联系的，是体系完成目标所必须的一种工作方式，两者是相辅相成的。

6）动态组织原则

组织的形式应能根据安全条件的变化及时做相应的改变，以适应安全生产发展的需要。

14. 滚筒驱动带式输送带的六大保护装置

滚筒防滑保护，堆煤保护，防跑偏装置，温度保护，烟雾保护，自动洒水装置。

15. 降低加重质消耗的六项措施

（1）改善脱介筛工作效果。筛面冲水充足，筛面开孔率大，脱介前采用固定筛或弧形筛预先脱介等。

（2）采用高回收率的磁选机，保证使其效率在 99.8% 以上，定期测定其效率和磁场强度，发现问题，及时检修。

（3）保持各设备液位平衡，防止跑、冒、滴、漏事故发生。

（4）减少进入稀悬浮液系统的加重质数量。如，减少悬浮液循环量，减少入料粉煤量，尽量减少分流量等。

（5）保证磁铁粉粒度符合要求。粒度过粗，悬浮液密度不稳定；粒度过细，悬浮液黏度增大，分选不好。

（6）加强管理，做好装、卸、运、储工作，防止风吹、雨淋、丢失。

16. 影响盘式真空过滤机工作效果的六大主要因素

（1）入料浓度。提高入料矿浆浓度可以提高过滤机处理能力和降低滤饼水分。一般矿浆浓度为 350 ~ 400 g/L 时，效果最佳，此时过滤机不但处理量大，滤饼水分也低。

（2）入料粒度。滤饼的水分随入料粒度的增大而降低，这是因为较大的颗粒使滤饼有较大的渗透性和较少的表面积。因此，当过滤的精煤粒度太小（120 目占 80% 以上）时，适当掺入一些粗煤泥可以改善过滤效果。

（3）真空度。真空过滤机的真空度应保持在 400 ~ 500 mm 汞柱。许多过滤机滤饼水分高而处理量小是真空度太低造成的，真空度不足主要应注意真空系统及过滤机和真空泵相连的各部分有无漏气的地方，问题往往是由于漏气造成的。

（4）过滤机的转速。过滤机转速的快慢，决定过滤机吸滤时间和干燥时间的长短。因而影响滤饼的厚度和水分。当然，时间愈长，滤饼愈厚而水分愈小。但时间长到一定程度后，厚度增长也不明显了，水分降低也不明显了，所以应根据各厂不同的情况选择最佳转速。

（5）滤布和滤板。显然，滤布的孔径对过滤有影响，孔大则滤饼水分低但滤液固体含量高。而且，滤布的材质对滤饼的水分和脱落也有影响，金属丝的滤布就比尼龙布的好。另外，滤板的材质对滤饼水分也有影响，塑料和金属的比木制的好。

（6）矿浆温度。当矿浆温度升到 30 ℃ 以上时，矿浆的黏度变小，有利于固、液分离。如双鸭山选煤厂用蒸气加热矿浆，使滤饼水分降低了 2% ~ 3%。

第七章　数字"七"的术语

1. 预抽煤层瓦斯区域防突措施的七种方式

（1）地面井预抽煤层瓦斯。

（2）井下穿层钻孔或顺层钻孔预抽区段煤层瓦斯。

（3）顺层钻孔或者穿层钻孔预抽回采区煤层瓦斯。

（4）穿层钻孔预抽井巷（含立、斜井，石门等）揭煤区域煤层瓦斯。

（5）穿层钻孔预抽煤巷条带煤层瓦斯。

（6）顺层钻孔预抽煤巷条带煤层瓦斯。

（7）定向长钻孔预抽煤巷条带煤层瓦斯。

2. 钻眼安全七注意

（1）开眼时，必须使钎头落在实岩上，如有浮矸，应处理好后再开眼。

（2）不允许在残眼内继续钻眼。

（3）开眼时，给风阀门不要突然开大，待钻进一段后，再开大风门。

（4）为避免断钎伤人，推进凿岩机不要用力过猛，更不要横向用力，凿岩时钻工应站稳，应随时提防突然断钎。

（5）一定要注意把胶皮风管与风钻接牢，以防脱落伤人。

（6）缺水或停水时，应立即停止钻眼。

（7）工作面全部炮眼钻完后，要把凿岩机具清理好，并撤至规定的存放地点。

3. "七看、一听、一感觉"

"七看"是看凿岩机推进速度、看钎具回转速度、看排粉情况、看孔位、看凿岩机各部螺栓及风水管接头是否松动、看排气状态、看工作面情况。"一听"是听凿岩机的声音。"一感觉"是感觉支架和凿岩机的振动情况。

4. 顶板控制的七大原则

从顶板控制的目标出发,单体液压支柱工作面的顶板控制原则如下:

(1) 对垮落带岩层采取"支",采场支柱工作阻力应能平衡工作空间及采空区上方垮落带岩层的重量。

(2) 对裂隙带岩层采取"让",采场支柱的可缩量应能适应裂隙带岩层的下沉。

(3) 当直接顶厚度不足一倍采高时,尤其是煤层上面直接就是厚度不大的基本顶时,可用"切"的原则切断采空区上方基本顶。

(4) 当直接顶厚度不足一倍采高时,可用"挑"的方式挑落一倍采高顶板。对厚且难冒的顶板,应松动碎裂三倍采高顶板岩层。可在工作面前方用钻眼爆破或高压注水的措施进行松动软化,或在采空区挑顶三倍采高,这些措施也可统称之为"挑"。

(5) 不论哪一种顶板,都要针对直接顶的稳定性采取"护"。

(6) 如果是复合顶板,应使支柱的初撑力本身就能防推。

(7) 支护参数应保证顶板处于良好状态。一般情况下,应保持工作面控顶范围内顶底板移近量每米采高不大于 100 mm,顶板不出现台阶下沉,端面冒高不大于 200 mm。

5. 炮采工作面爆破工应达到的"七不"

(1) 不产生爆破伤亡事故,不发生引燃、引爆瓦斯和煤尘事故。

(2) 不崩倒支柱,防止发生冒顶事故。

(3) 不崩破顶板,便于支护,降低含矸率。

(4) 不留底煤和伞檐,便于擢煤和支柱。

(5) 不超挖欠挖使工作面平、直、齐,保证循环进度。

(6) 不崩倒刮板输送机,不崩坏油管和电缆。

(7) 不出大煤块,块度均匀,减少人工二次破碎工作量。

6. 电雷管的七项主要性能参数

(1) 动作时间。

(2) 电雷管全电阻。

(3) 电雷管安全电流。

（4）最小发火电流。

（5）串联准爆电流。

（6）4 ms 发火电流。

（7）起爆能力。

7. 煤与瓦斯突出的七大特征

（1）突出的煤岩具有气体搬运的特征，颗粒分选堆积。

（2）煤岩被瓦斯搬运至远处，随巷道拐弯，可向上抛至一定高度。

（3）抛出的煤堆积角度小于煤的自然安息角。

（4）突出的煤有被高压气体粉碎的特征。

（5）有大量瓦斯喷出，甚至会使风流逆转。

（6）突出孔洞口小腔大，呈舌形、倒瓶形，有时看不到孔洞。

（7）喷出的瓦斯能严重破坏通风系统和设施。

8. 常见漏电故障的七种原因

（1）电缆和设备长期过负荷运行，促使绝缘老化。

（2）电缆芯线接头松动后碰到金属设备外壳。

（3）运行中的电缆和电气设备受潮或进水。

（4）在电气设备内部随意增设电气元件。

（5）导电芯线与地线错接。

（6）电缆和电气设备受到机械性冲击或爆破冲击。

（7）人体直接触及一相导电芯线。

9. 煤矿提升运输设备的七个"一律"

（1）对煤矿使用国家明令禁止或者淘汰提升运输设备的，一律责令停产停建整顿。

（2）对煤矿使用的提升运输人员设备未取得"煤矿矿用产品安全标志"的，一律责令停产停建整顿。

（3）对煤矿提升运输设备超负荷、带病运转或超期服役的，一律责令停产停建整顿。

（4）对煤矿主要提升运输设备未按规定制定检修计划或未按计划检修的，一律责令停产停建整顿。

（5）对煤矿提升运输系统各类安全保护或信号装置不齐全、不可靠的，一律责令停止使用，限期整改，并跟踪督办。

（6）对煤矿使用磨损、锈蚀断丝超限的钢丝绳或不合格的连接装置，一律责令停止使用，限期整改，并跟踪督办。

（7）对煤矿提升运输设备未按规定进行定期检验或检验不合格的，一律责令停止使用，限期整改，并跟踪督办。

10. "七新"培训

煤矿企业应当每年组织主要负责人和安全生产管理人员进行新法律法规、新标准、新规程、新技术、新工艺、新设备和新材料等方面的安全培训。

11. 煤矿企业安全生产管理人员考试的七项内容

（1）国家安全生产方针、政策和有关安全生产的法律、法规、规章及标准。

（2）安全生产管理、安全生产技术、职业健康等知识。

（3）伤亡事故报告、统计及职业危害的调查处理方法。

（4）应急管理的内容及其要求。

（5）国内外先进的安全生产管理经验。

（6）典型事故和应急救援案例分析。

（7）其他需要考试的内容。

第八章　数字"八"的术语

1. 煤矿安全生产标准化管理体系的八个要素

理念目标和矿长安全承诺，组织机构，安全生产责任制及安全管理制度，从业人员素质，安全风险管控，事故隐患排查治理，质量控制，持续改进。

2. 系统安全管理中现代管理科学的八大原理

这八大原理分别是系统原理、整分合原理、反馈原理、封闭原理、弹性原理、能级原理、以人为本原理、动力原理。

（1）系统原理。所谓"系统理论"，就是从整体出发而不是从局部出发去研究事物的一种理论，作为一个系统，应当具备六个特征：整体性、相关性、目的性、层次性、综合性、环境适应性。

（2）整分合原理。现代高效率的管理必须在整体规划下明确分工，在分工基础上进行有效的综合，这就是整分合原理。

（3）反馈原理。反馈是控制论的一个极其重要的概念。管理实质上就是一种控制，必然存在着反馈问题。控制论中的反馈，即由控制系统把信息输送出去，又把其作用结果反馈回来，并对信息的再输出发生影响，起着控制作用，以达到预定的目的。原因产生结果，结果又构成新的原因、新的结果，反馈在原因和结果之间架起了桥梁。这种因果关系的相互作用，不是各有目的，而是为了完成一个共同的功能目的，所以反馈又在因果性和目的性之间建立了紧密的联系。面对永远不断变化的客观实际，管理是否有效，关键在于是否有灵敏、准确和有力的反馈。这就是现代管理的反馈原理。

（4）封闭原理。封闭原理是指任何一个系统管理手段必须构成一个连续封闭的回路，才能形成有效的管理运动，才能自如地吸收、加工和做功。一个管理系统可以分解为指挥中心、执行机构、监督机构、反馈机构。

（5）弹性原理。弹性原理可以简单地表述为，管理必须保持充分的弹性，及时适应客观事物各种可能的变化，才能够有效地实现动态管理。

（6）能级原理。能是做功的量。这个物理学上的概念，在现代管理中也存在。机构、法、人都有能量问题。能量大就是干事的本领大，能量既然有大小，就可以分级。现代管理的任务是建立一个合理的能级，使管理的内容动态地处于相应的能级中。

（7）以人为本原理。所谓"人本"，是指各项管理活动都应该以人为本，以调动人的主观能动性和创造性为根本。

（8）动力原理。管理必须有强大的动力，只有正确地运用动力，才能使管理活动持续有效地进行下去。在管理中有三种动力分别是物质动力、精神动力、信息动力。

3. 安全决策程序的八个阶段

安全决策程序有八个阶段分别为发现安全问题、确定目标、价值准则、拟制方案、分析评估、方案优选、试验验证、普遍实施。

（1）发现安全问题。根据存在的事故隐患，通过调查研究，用系统分析的方法把安全生产中存在的问题查清楚。

（2）确定目标。目标是指一定环境和条件下，在预测的基础上要求达到的结果。目标有三个特点：①可以计量成果；②有规定的时间；③可以确定责任。这一步骤需要采用调查研究和预测技术两种科学方法。

（3）价值准则。确定价值准则是为了落实目标，作为以后评价和选择方案的基本依据。它包括三方面的内容：①把目标分解为若干层次的，确定的价值指标；②规定价值指标的主次、缓急、矛盾时的取舍原则；③指明实现这些指标的约束条件。价值指标有三类：学术价值、经济价值和社会价值。安全价值属于社会价值。确定价值准则的科学方法是环境分析。

（4）拟制方案。这是达到目标的有效途径。对方案的有效性进行比较才能鉴别，所以必须制订的多种可供选择的方案。在拟订的多种方案中，要广泛利用智囊技术，如"头脑风暴法""哥顿法""对演法"等。开发创造性思维的方法，也包括在其中。

（5）分析评估。建立各方案的物理模型和数学模型，并求得模型的解，对其结果进行评估。分析评估的科学方法：①可行性分析；②树形决策（决策树）；③矩阵决策；④统计决策；⑤模糊决策。后四项统称为决策技术。

（6）方案选优。在进行判断时，对各种可供选择的方案权衡利弊，然后选取其一或综合为一。

（7）试验验证。方案确定后要进行试点，试点成功再全面普遍实施。如果不行，则必须反馈回去，进行决策修正。

（8）普遍实施。在实施过程中要加强反馈工作，检查与目标偏离的情况，以便及时纠正偏差。如果情况发生重大变化，则可利用"追踪决策"，重新确定目标。

4. 爆破安全八项注意

（1）装药前应检查顶板情况，撤出设备与机具，并切断除照明以外的一切设备的电源；照明灯及导线也应撤离工作面一定距离。

（2）爆破母线要妥善地挂在巷道的侧帮上，并且要和金属物体、电缆、电线离开一定距离；装药前要试一下爆破母线是否导通。

（3）在规定的安全地点装配引药。

（4）检查工作面 20 m 范围内瓦斯含量，并按《煤炭安全规程》有关规定处理。

（5）装药时要细心地将药卷送到眼底，防止擦破药卷，装错雷管段号，拉断脚线。有水的炮眼，尤其是底眼，必须使用防水药卷或给药卷加防水套，以免受潮拒爆。

（6）装药、联线后应由爆破工与班组长进行技术检查，做好爆破前的安全布置。

（7）爆破后要等工作面通风散烟后，爆破工率先进入工作面，检查认为安全后方能进行其他工作。

（8）发现拒爆应及时处理。如拒爆是由联线不良或错联所造成的，则可重新联线补爆；如不能补爆，则应在距原炮眼 0.3 m 外钻一个平行的炮眼，重新装药爆破。

5. 井下探放水所遵循的八字方针

井下探放水要严格坚持执行"有疑必探，先探后掘"的原则。

6. 爆破作业八不准

（1）爆破前未检查瓦斯或爆破地点 20 m 以内风流中的瓦斯浓度达到 1% 时，不准爆破。

（2）爆破前工具未收拾好，机器、液压支架和电缆等未加以可靠保护或移出工作面时，不准爆破。

（3）在有煤尘爆炸危险的煤层中，爆破地点 20 m 的巷道内爆破前未洒水降尘的，不准爆破。

（4）爆破前，靠近掘进工作面 10 m 内的支架未加固时；掘进工作面到永久支护之间，未使用临时支架或前探支架，造成空顶作业时，不准爆破。

（5）采煤工作面两个安全出口不畅通，在爆破地点及上下方 5 m 工作面内，支架不齐全不牢固；采煤工作面没有备用支护材料；爆破与放顶工作执行平行作业不符合作业规程规定的距离时，不准爆破。

（6）爆破母线的长度、质量和敷设质量不符合规定时，不准爆破。

（7）局部通风机未运转或工作面风量不足时，不准爆破。

（8）工作面人员未撤离到警戒线外，或各路警戒岗哨未设置好，或人数未清点清楚时，不准爆破。

7. 局部冒顶的八大征兆

（1）响声。折梁断柱声音、采空区内顶板发生断裂的闷雷声响等。

（2）掉渣。顶板严重破坏时，折梁断柱增加，随后就会出现顶板掉渣现象。掉渣越多，说明顶板压力越大。在人工顶板下，掉下的碎矸石和煤渣更多，俗称"煤雨"，这就是发生冒顶的危险信号。

（3）片帮。冒顶前煤壁所受压力增加，变得松软，片帮煤比平时多。

（4）裂缝。顶板的裂缝，一种是地质构造产生的自然裂缝，一种是由于采空区顶板下沉引起的采动裂缝。老工人的经验是，流水的裂缝有危险，因为它深；缝里有煤泥、水锈的不危险，因为它是老缝；茬口新的有危险，因为它是新生的。如果这种裂缝加深加宽，顶板会继续恶化。

（5）脱层。顶板快要冒落时，往往出现脱层现象。

（6）漏顶。破碎的危顶或直接顶，在大面积冒顶以前，有时因为背顶不严和支架不牢出现漏顶现象。漏顶如不及时处理，会使棚顶托空、支架松动，顶板岩石继续冒落，就会造成没有声响的大冒顶。

（7）瓦斯涌出量突然增大。

（8）顶板的淋水明显增加。

8. 自救器登记建账的八项内容

自救器的出厂日期、编号、检查日期、检查内容、检查结果、使用者的姓名、开启原因、使用效果。

9. 我国消防工作实行的八字方针

我国消防工作实行的八字方针是"预防为主、消防结合"。

10. "八害" 道钉

浮、俯、仰、歪、斜、离、磨、弯。

11. 煤矿八大类事故

煤矿常见事故按伤亡事故的性质可分成顶板、瓦斯、机电、运输、爆破、火灾、水害和其他 8 类事故。

（1）顶板事故，指矿井冒顶、片帮、顶板掉矸、顶板支护垮倒、冲击地压、露天矿滑坡、坑槽垮塌等事故，底板事故也视为顶板事故。

（2）瓦斯事故，指瓦斯（煤尘）爆炸（燃烧）、煤（岩）与瓦斯突出、瓦斯中毒窒息等事故。

（3）机电事故，指机电设备（设施）导致的事故，包括运输设备在安装、检修、调试过程中发生的事故。

（4）运输事故，指运输设备（设施）在运行过程发生的事故。

（5）爆破事故，指爆破崩人、触响瞎炮造成的事故。

（6）火灾事故，指煤与矸石自然发火和外因火灾造成的事故（煤层自燃未见明火，逸出有害气体中毒视为瓦斯事故）。

（7）水害事故，指地表水、采空区水、地质水、工业用水造成的事故及透黄泥、流沙导致的事故。

（8）其他事故，指以上 7 类以外的事故。

12. 选煤对重介质的八项要求

（1）无毒。

（2）价廉。

（3）容易回收。

（4）黏度低。

（5）比重高。

（6）不与煤炭发生化学反应。

（7）不腐蚀设备；

（8）容易与产品分离。

13. 变压器的八项额定技术参数

（1）额定容量。

（2）额定电压。

（3）额定电流。

（4）短路电压。

（5）空载损耗。

（6）短路损耗。

（7）空载电流。

（8）温升。

14. 八种矿井大型固定设备

（1）主副井提升机。

（2）井上下 2 m 及以上的运搬绞车。

（3）主压风机。

（4）主通风机。

（5）主排水泵。

（6）2 t/h 及以上锅炉。

（7）主提升带式输送机。

（8）35 kV 及以上的主变压器。

15. 综采液压支架拉架要坚持的八字原则

（1）快：移架及时、迅速，做到少降、快拉。

（2）正：支架定向前移，不上下歪斜，不前倾后仰。

（3）够：每次移架要移到位，支架移过后要呈一直线。

（4）匀：支架间距要按规定保持均匀。

（5）平：要使顶梁和底座平整地和顶底板接触，力求受力均匀。

（6）紧：使顶梁紧贴顶板，移架后支架必须达到足够的初撑力。

（7）严：架间空隙要挡严，侧护板要保持正常工作状态。

（8）净：将底板上的浮煤、浮矸清理干净,保证支架和刮板输送机顺利前移。

第九章　数字"九"的术语

1. 锚杆支护作用的九大原理

1) 悬吊作用

1952—1962 年，Louis A、Pane K 经过理论分析及实验室和现场测试，提出锚杆作用机理是将巷道顶板较弱岩层悬吊到坚硬岩层上，以增强软弱岩层的稳定性。

2) 组合梁作用

为了解决悬吊理论的局限性，1952 年德国 Jacobio 等在层状地层中提出了组合梁理论。该理论认为：在没有稳固岩层提供悬吊支点的薄层状岩层中，可利用锚杆的拉力将层状地层组合起来形成组合梁结构进行支护，这就是所谓的锚杆组合梁作用。

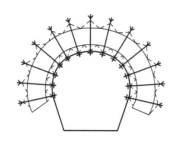

图 9-1　组合拱理论示意图

3) 组合拱理论

组合拱理论认为：在拱形巷道围岩的破裂区安装预应力锚杆时，在杆体两端将形成圆锥形分布的压应力，如果沿巷道周边布置的锚杆间距足够小，各个锚杆的压应力锥体相互交错重叠，这样便在巷道周围的岩层中形成了一个均匀连续的组合带（图 9-1）。它不仅能保持自身的稳定，而且能承受地压，阻止上部围岩的松动和变形。

4) 围岩强度强化理论

巷道锚杆支护的实质是锚杆和锚固区域的围岩相互作用而形成锚固体，形成统一的承载结构。

5) 最大水平主应力作用

这一理论是由澳大利亚学者盖尔（GaIe）提出的。该理论认为：

（1）矿井岩层的水平应力在埋深小于 500 m 时通常大于垂直应力；水平应力具有明显的方向性，其中最大水平应力一般为最小水平应力的 1.5～2.5 倍。

（2）巷道顶底板的稳定性主要受水平应力的影响（图9－2），并且有3个特点：

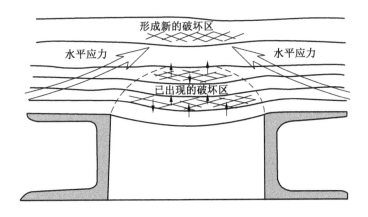

图9－2　水平力对顶板破坏过程

①与最大水平应力方向平行的巷道受水平应力最小（顶底板稳定性最好）。

②与最大水平应力方向呈锐角相交巷道的顶底板失稳破坏偏向巷道的一帮。

③与最大水平应力方向垂直的巷道受水平应力影响最大（顶底板稳定性最差）。

6）减跨作用

该理论把不稳定的顶板岩层看成是支撑在两帮的叠合梁（板），由于可以将悬吊在基本顶上的锚杆视为支点，安设了锚杆就相当于在该处打了点柱，增加了支点，减少了顶板的跨度（图9－3），从而降低了顶板岩层的弯曲应力和挠度，维持了顶板与岩石的稳定性，使岩石不易变形和破坏。这就是锚杆的"减跨"作用，它实际上来源于锚杆的悬吊作用。但是，它也未能提供用于锚杆支护参数设计的方法和参数。

7）松动圈理论

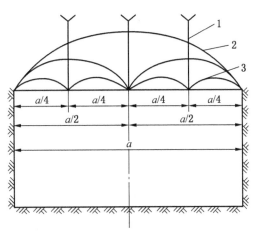

1—锚杆；2—无锚杆跨度；3—有锚杆跨度

图9－3　锚杆的减跨作用

松动圈理论认为：巷道支护的主要对象是围岩松动圈产生、发展过程中产生的碎胀变形力，锚杆所受拉力的来源在于松动圈的发生、发展，并根据围岩松动圈厚度值大小的不同将其分为小、中、大三类，松动圈的类别不同，则锚杆支护机理也就不同。

8）关键承载圈理论

关键承载圈是指在巷道周围围岩一定深度的范围内，存在一个能承受较大切向应力的岩石圈，该岩石圈处于应力平衡状态，具有结构上的稳定性，可以用来悬吊承载圈以内的岩层。

9）扩容—稳定理论

巷道经受采动影响之后，围岩的破坏范围会逐渐扩大，当锚杆的长度不能伸入到关键承载圈时，依据该理论阐述锚杆支护的作用：

（1）锚杆要控制围岩的扩容变形，阻止深部破碎岩层的进一步扩容相离层。

（2）在破坏区内形成"次生关键承载层"，使围岩深部关键承载圈内的应力分布趋于均匀和内移，提高关键承载圈的承载能力。

（3）锚杆对煤帮的控制效果尤为明显，由于煤层强度较低且受到采动影响程度较为严重，所以回采巷道两帮支护显得尤为重要，安装锚杆后，对煤帮的扩容、松动和挤出均有控制作用，加钢带后效果会更好。

2. 隔绝式化学氧自救器使用九步骤

隔绝式化学氧自救器是个人呼吸系统保护装置。主要用于煤矿井下开采工业，也可以在其他地下工程、化学环卫工程和有可能出现有毒气体及缺氧环境进行作业的工程中使用。正确使用隔绝式化学氧自救器的步骤如下：

（1）佩戴位置：将自救器挂在背部右侧腰间，尽量避免撞击。

（2）打开保护罩：使用时将自救器转至腹前，右手拉下保护罩，保护罩脱离壳体后扔掉。

（3）开启封印条：用右手将封印条扳断并扔掉。

（4）去掉外壳：左手握住下外壳，右手将上外壳拔下扔掉，然后用左手拉住头（背）带，用右手脱下外壳并扔掉。

（5）启动起动装置：左手握住自救器，右手拇指扳掀启动阀片，按箭头指示方向转动启动阀片，起动装置启动生氧，氧气进入气囊。

（6）套头（背）带：取下安全帽，将有口具的一面贴身，把头（背）带套在头（或脖子）上，然后戴好安全帽。

（7）带口具：拔掉口具塞后将口具放入口中，口具片应放在唇齿之间，牙齿咬紧牙垫，闭紧嘴唇。

（8）上鼻夹：双手拉开鼻夹弹簧，将鼻夹准确地夹住鼻子，用嘴呼吸。

（9）调整挎带：拉动挎带上的调节扣，把挎带长度调整到适宜长度系好，然后开始撤离灾区。

3. 事故致因的九大理论

事故致因的九大理论分别为事故频发倾向理论、事故因果论、能量转移论、扰动起源论、人失误主因论、管理失误论、轨迹交叉论、变化论、综合论。

1）事故频发倾向论

事故频发倾向论是阐述企业工人中存在着个别人容易发生事故的、稳定的、个人的内在倾向的一种理论。

2）事故因果论

事故现象的发生与其原因存在着必然的因果关系，"因"与"果"有继承性，前段的结果往往引发下一段的原因。事故现象是"后果"，与其"前因"有必然的关系。因果是多层次相继发生的。一般而言，事故原因常分为直接原因和间接原因。直接原因又称一次原因，是在时间上最接近事故发生的原因。直接原因通常又进一步分为两类：物的原因和人的原因。物的原因是设备、物料、环境等的不安全状态；人的原因是指人的不安全行为。

3）能量转移论

近代工业的发展起源于将燃料的化学能转变为热能，并以水为介质转变为蒸汽，然后将蒸汽的热能转变为机械能输送到生产现场。这就是蒸汽机动力系统的能量转换情况。电气时代是将水的势能或蒸汽的动能转换为电能，在生产现场再将电能转变为机械能进行产品的制造加工。核电站则是利用原子能转变为电能。总之，能量是具有做功本领的物理量。

输送到生产现场的能量，根据生产目的和手段的不同，可以转变为各种形式。按照能量的形式，分为势能、动能、热能、化学能、电能、辐射能、声能、生物能。1961年吉布森、1966年哈登等人提出了解释事故发生物理本质的能量意外释放论。他们认为，事故是一种不正常的或不希望的能量释放并转移于人体。人类在利用能量的时候必须采取措施控制能量，使能量按照人们的意图产生、转换和做功。从能量在系统中流动的角度，应该控制能量按照人们规定的能量流通渠道流动。如果由于某种原因失去了对能量的控制，就会发生能量违背人的意愿的意外释放或逸出，使进行的活动中止而发生事故。如果事故时意外释放的能量作用于人体，并且超过人体的承受能力，则将造成人员伤害；如果意外释放的能量作用于设备、建筑物、物体等，并且超过它们的抵抗能力，则将造成设备、建筑物、物体的损坏。

4）扰动起源论

1972 年贝雷提出了解释事故致因的综合概念和术语，同时把分支事件链和事故过程链结合起来，并用逻辑图加以显示。他指出，从调查事故起因的目的出发，把一个事件看成是某种发生过的事物，是一次瞬时的重大情况变化，是导致下一个事件发生的偶然事件。一个事件的发生势必由有关人或物所造成。将有关人或物统称为"行为者"和"行为"来描述。"行为者"可以是任何有生命的机体，如车工、司机、厂长；或者任何非生命的物质，如机械、车轮、设计图。"行为"可以是发生的任何事，如运动、故障、观察或决策。事件必须按单独的行为者和行为来描述，以便把事故过程分解为若干部分加以分析综合。1974 年劳伦斯利用上述理论提出了扰动起源论。该理论认为"事件"构成事故的因素。任何事故处于萌芽状态时就有某种非正常的"扰动"，此扰动为起源事件。事故形成过程是一组自觉或不自觉的，指向某种预期的或不测结果的相继出现的事件链。这种事故进程包括外界条件及其变化的影响。相继事件过程是在一种自动调节的动态平衡中进行的。如果行为者行为得当或受力适中，即可维持能流稳定而不偏离，从而达到安全生产；如果行为者行为不当或发生故障，则对上述平衡产生扰动，就会破坏和结束动态平衡而开始事故进程，一事件继发另一事件，最终导致"终了事件"，即事故和伤害。这种事故和伤害又会依此引起能量释放或其他变化。

5）人失误主因论

事故原因有多种类型，威格尔斯沃思指出，有一个事故原因构成了所有类型伤害的基础，这个原因就是"人失误"。他把"失误"定义为"错误地或不适当地响应一个刺激"。在工人操作期间，各种"刺激"不断出现，若工人响应的正确或恰当，事故就不会发生。即如果没有危险，则不会发生有伴随着伤害出现的事故；反之，若出现了人失误的事件，就有发生事故的可能。

6）管理失误论

博德在海因里希因果连锁的基础上，提出了反映现代安全观点的事故因果连锁，即管理失误、个人原因或工作条件、人的不安全行为或物的不安全状态、事故、伤亡。事故因果连锁中一个最重要的因素是安全管理。安全管理工作要以得到广泛承认的企业管理原则为基础，即安全管理者应该懂得管理的基本理论和原则。控制是管理机能（计划、组织、指导、协调及控制）中的一种机能。安全管理中的控制是指损失控制，包括对人的不安全行为、物的不安全状态的控制。它是安全管理工作的核心。大多数正在生产的工业企业中，由于各种原因，完全依靠工程技术上的改进来预防事故既不经济也不现实。只有通过专门的安全管理工作，经过较长时间的努力，才能防止事故的发生。管理者必须认识到，只要生产没有实现高度安全化，就有发生事故及伤害的可能性，因而安全管理工作中必须包含有针对事故连锁中所有要因的控制对策。在安全管理中，企业领导者的安全方针、政策及决策占有十分重要的位置。它包括：生产及安全的目标；职员的配备；资料的利用；责任及职权范围的划分；职工的选择、训练、安排、指导及监督；信息传递；设备、器材及装置的采购、维修及设计；正常时及异常时的操作规程；设备的维修保养等。管理系统是随着生产的发展而不断变化、完善的，十全十美的管理系统并不存在。也正因为如此，管理上容易出现欠缺，使得能够导致事故的基本原因出现。

7）轨迹交叉论

工伤事故源于生产现场人和物两个方面的隐患，如人流和物流中的隐患未能消除，两个流动线路轨迹相交叉的"点"就是发生事故的"时空"。人流中的隐患即人的不安全动作和行为；机械和物质的危害是构成能量逆流中的不安全状态。

8）变化论

约翰逊很早就注意了变化在事故发生、发展中的作用。他把事故定义为一起不希望的或意外的能量释放，其发生是由于管理者的计划错误或操作者的行为失误，没有适应生产过程中物的因素或人的因素的变化，从而导致不安全行为或不安全状态，破坏了对能量的屏蔽或控制，在生产过程中造成人员伤亡或财产损失。

9）综合论

我国大多安全专家认为，事故的发生不是单一因素造成的，也并非个人偶然失误或单纯设备故障所形成的，而是各种因素综合作用的结果。综合论认为，事故的发生是社会因素、管理因素、生产中各种危险源被偶然事件触发所造成的结果。

4. 九点取样法

本方法仅用于抽取全水分试样。

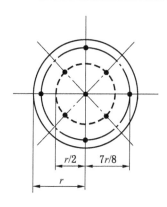

图9-4　九点取样法

如图9-4所示，用堆锥法将试样掺和一次后摊开成厚度不大于标称最大粒度3倍的圆饼状，然后用与棋盘缩分法类似的取样铲和操作从图中的9点中取9个子样，合成一全水分试样。

5. 瓦斯抽放的九字方针

瓦斯抽放的九字方针是指多钻孔、严封闭、综合抽。

6. 瓦斯积聚的九大原因

（1）局部通风机停止运转。

（2）风筒断开严重漏风。

（3）采掘工作面风量不足。

（4）风流短路。

（5）通风系统不合理、不完善。

（6）采空区或盲巷。

（7）巷道支架后空间的交顶。

（8）瓦斯涌出异常。

（9）局部地点。

7. 划线的九种工具

（1）划针。

（2）圆规。

（3）划线平台。

（4）样冲。

（5）划线盘。

（6）游标高度卡尺。

（7）V形铁。

（8）角铁。

（9）千斤顶。

第十章　数字"十"的术语

1. 煤炭的分类记忆"十字诀"

无、贫、肥、焦、瘦；气、弱、不、长、褐。

以上所对应的煤炭类别分别为：无烟煤、贫煤（贫瘦煤）、肥煤、焦煤（1/3 焦煤）、瘦煤；气煤（气肥煤）、弱黏煤、不黏煤（1/2 中黏煤）、长焰煤和褐煤。

2. 安全供电十不准

（1）不准带电作业。
（2）不准甩掉无压释放装置。
（3）不准甩掉过流保护装置。
（4）不准甩掉检漏继电器和煤电钻保护装置。
（5）不准甩掉局部通风机甲烷电闭锁装置。
（6）不准明火操作、明火打点、明火爆破。
（7）不准用铜丝、铁丝、铝丝等代替熔断器的熔体。
（8）不准对停风、停电未经检查瓦斯的采掘工作面送电。
（9）不准使用失爆的电气和设备。
（10）不准在井下拆卸矿灯。

3. 煤矿工人的十大权利

（1）合同权。生产经营单位与从业人员订立的劳动合同，应当载明有关保障从业人员劳动安全、防止职业危害的事项，以及依法为从业人员办理工伤社会保险的事项。

（2）知情权。生产经营单位的从业人员有权了解其作业场所和工作岗位存在的危险因素、防范措施及事故应急措施"。

（3）建议权。有权对本单位的安全生产工作提出建议。

（4）批评、检举及控告权（不得报复）。从业人员有权对本单位安全生产工作中存在的问题提出批评、检举、控告。

（5）培训权。生产经营单位应当对从业人员进行安全生产教育和培训，保证从业人员具备必要的安全生产知识，熟悉有关的安全生产规章制度和安全操作规程，掌握本岗位的安全操作技能。未经安全生产教育和培训合格的从业人员，不得上岗作业。

（6）获得合格的劳动防护用品权。生产经营单位必须为从业人员提供符合国家标准或者行业标准的劳动防护用品，并监督教育从业人员按照使用规则佩戴、使用。

（7）拒绝危险权（不得报复）。有权拒绝违章指挥和强令冒险作业。

（8）紧急避险权。从业人员发现直接危及人身安全的紧急情况时，有权停止作业或者在采取可能的应急措施后撤离作业场所。

（9）工伤索赔权。因生产安全事故受到损害的从业人员，除依法享有工伤社会保险外，依照有关民事法律尚有获得赔偿的权利的，有权向本单位提出赔偿要求。

（10）工会监督权。工会有权对建设项目的安全设施与主体工程同时设计、同时施工、同时投入生产和使用进行监督，提出意见。工会对生产经营单位违反安全生产法律、法规，侵犯从业人员合法权益的行为，有权要求纠正；发现生产经营单位违章指挥、强令冒险作业或者发现事故隐患时，有权提出解决的建议，生产经营单位应当及时研究答复；发现危及从业人员生命安全的情况时，有权向生产经营单位建议组织从业人员撤离危险场所，生产经营单位必须立即作出处理。工会有权依法参加事故调查，向有关部门提出处理意见，并要求追究有关人员的责任。

4. 爆破前装药工作"十不准"

（1）首先要检查工作面顶板、支架、上下出口情况，如果没有检查或发现异常情况时，不准装药。

（2）装药前未检查瓦斯，或装药附近 20 m 以内风流中瓦斯浓度达到 1% 时，不准装药。

（3）工作面风量不足，局部通风机停止运转或风筒末端距掘进工作面距离超过规定时，不准装药。

（4）在装药地点 20 m 以内，有矿车，未清除的煤、矸或其他物体阻塞巷道断面 1/3 以上时，不准装药。

（5）炮眼内煤、岩粉末清除干净时，不准装药。

（6）没有符合质量、满足数量要求的黏土炮泥和水炮时，不准装药。

（7）发现炮眼内有异常情况（如温度骤高骤低，有显著瓦斯涌出，煤岩松散，炮眼缩小，有裂缝，透老空等情况）出现时，不准装药。

（8）炮眼眼深与最小抵抗线小于规程规定时（炮眼眼深小于 0.6 m 时），不准装药。

（9）过断层、冒顶区无安全措施时，不准装药。

（10）有冒顶、透水、瓦斯突出等预兆时，不准装药。

5. 爆破作业中的"十不爆破"

（1）工具不收拾好不得爆破。

（2）不检查瓦斯浓度，不得爆破。

（3）工作面人员不撤离到警戒线以外，不得爆破。

（4）工作面人员撤到安全地点，不点清人数不得爆破。

（5）通路口的警戒哨不好，不得爆破。

（6）爆破母线长度不够，不得爆破。

（7）发爆器不防爆或有故障时，不得爆破。

（8）爆破母线不吊挂好，不得爆破。

（9）不发出三声信号，不得爆破。

（10）局部通风机停止运转时，不得爆破。

6. 煤与瓦斯突出的十大规律

（1）煤层突出危险性随采深增加而加大。

（2）突出多发生在地质构造带。

（3）突出多发生在集中应力区。

（4）突出煤层多具有软分层。

（5）突出煤层大都具有较高的瓦斯压力和瓦斯含量。

（6）突出煤层具有强度低、软硬相间，透气性系数小，瓦斯放散速度高，煤层原始结构遭到破坏，层理紊乱，无明显的竭力，光泽暗淡，易粉碎的特点。

（7）大多数突出发生在爆破和落煤的工序。

（8）突出主要发生在各类巷道掘进中。

（9）石门揭煤发生突出的强度和危害性最大。

（10）煤层突出危险区常呈条带状分布。

7. 海因里希十条

美国的安全工程师海因里希在《工业事故预防（Industrial Accident Prevention）》一书中，阐述了根据当时的工业安全实践总结出来的所谓"工业安全公理"，又被称为"海因里希十条"。

（1）工业生产过程中人员伤亡的发生，往往是处于一系列因果连锁之末端的事故的结果；而事故常常起因于人的不安全行为或（和）机械、物质（统称为物）的不安全状态。

（2）人的不安全行为是大多数工业事故的原因。

（3）由于不安全行为而受到了伤害的人，几乎重复了300次以上没有造成伤害的同样事故。换言之，人员在受到伤害之前，已经数百次面临来自物方面的危险。

（4）在工业事故中，人员受到伤害的严重程度具有随机性质。大多数情况下，人员在事故发生时可以免遭伤害。

（5）人员产生不安全行为的主要原因有：不正确的态度；缺乏知识或操作不熟练；身体状况不佳；物的不安全状态及不良的物理环境。这些原因因素是采取预防不安全行为产生措施的依据。

（6）防止工业事故的四种有效的方法是：工程技术方面的改进；对人员进行说服、教育；人员调整；惩戒。

（7）防止事故的方法与企业生产管理、成本管理及质量管理的方法类似。

（8）企业领导者有进行事故预防工作的能力，并且能把握进行事故预防工作的时机，因而应该承担预防事故工作的责任。

（9）专业安全人员及车间干部、班组长是预防事故的关键，他们工作的好坏对能否做好事故预防工作有影响。

（10）除了人道主义动机之外，下面两种强有力的经济因素也是促进企业事故预防工作的动力：安全的企业生产效率越高，不安全的企业生产效率越低；事故后用于赔偿及医疗费用的直接经济损失，只不过占事故总经济损失的五分之一。

8. 安全生产的十关键

安全的关键在重视，重视的关键在领导；

领导的关键在深入，深入的关键在现场；

现场的关键在管理，管理的关键在制度；

制度的关键在落实，落实的关键在检查；

检查的关键在整改，整改的关键在行动。

9. 十大特种作业人员

（1）煤矿井下电气作业；

（2）煤矿井下爆破作业；

（3）煤矿安全监测监控作业；

（4）煤矿瓦斯检查作业；

（5）煤矿安全检查作业；

（6）煤矿提升机操作作业；

（7）煤矿采煤机（掘进机）操作作业；

（8）煤矿瓦斯抽采作业；

（9）煤矿防突作业；

（10）煤矿探放水作业。

10. 矿井提升装置的十大安全保护

（1）过卷和过放保护：当提升容器超过正常终端停止位置或者出车平台 0.5 m 时，必须能自动断电，且使制动器实施安全制动。

（2）超速保护：当提升速度超过最大速度 15% 时，必须能自动断电，且使制动器实施安全制动。

（3）过负荷和欠电压保护。

（4）限速保护：提升速度超过 3 m/s 的提升机应当装设限速保护，以保证提升容器或者平衡锤到达终端位置时的速度不超过 2 m/s。当减速段速度超过设定值的 10% 时，必须能自动断电，且使制动器实施安全制动。

（5）提升容器位置指示保护：当位置指示失效时，能自动断电，且使制动器实施安全制动。

（6）闸瓦间隙保护：当闸瓦间隙超过规定值时，能报警并闭锁下次开车。

（7）松绳保护：缠绕式提升机应当设置松绳保护装置并接入安全回路或者报警回路。箕斗提升时，松绳保护装置动作后，严禁受煤仓放煤。

（8）仓位超限保护：箕斗提升的井口煤仓仓位超限时，能报警并闭锁开车。

（9）减速功能保护：当提升容器或者平衡锤到达设计减速点时，能示警并开始减速。

（10）错向运行保护：当发生错向时，能自动断电，且使制动器实施安全制动。

过卷保护、超速保护、限速保护和减速功能保护应当设置为相互独立的双线型式。

缠绕式提升机应当加设定车装置。

11. 瓦斯管理十条红线

（1）瓦斯超限作业，隐瞒瓦斯超限情况。

（2）排放瓦斯无措施、一风吹或排放瓦斯流经区域不停电、不撤人。

（3）擅自修改监控数据库，擅自中断数据传输的，造成监控数据失真。

（4）擅自高定监控断电值或缩小断电范围，造成监控系统不能按规定断电。

（5）擅自甩掉风电闭锁、瓦斯电闭锁、风机自动倒台等安全控制保护功能。

（6）虚报抽、排瓦斯钻孔深度、钻孔数量及瓦斯抽采量。

（7）瓦斯参数测定、防突效果检验数据弄虚作假。

（8）故意破坏抽采设施、通风设施、监控系统。

（9）突出危险采掘工作面无评价、虚假评价或不按措施超前距控制，超采超掘。

（10）超通风能力组织生产。

凡触犯瓦斯管理"十条红线"的直接责任人，干部一律免职，工人一律解除劳动合同。

第十一章　数字"十二"的术语

1. 安全生产的十二字方针

安全生产的方针是："安全第一、预防为主、综合治理"。其中，"安全第一"是灵魂，没有安全第一的思想，"预防为主"就是去了思想支撑，"综合治理"就失去了整治依据。"预防为主"是实现安全第一的根本途径，只有把安全生产的重点放在超前防范上，才能有效减少事故的发生，实现安全生产。"综合治理"是落实"安全第一、预防为主"的手段和方法，是安全生产的基石，是安全生产工作的重心所在。

2. 瓦斯治理的十二字方针

矿井瓦斯治理十二字方针是指先抽后采、监测监控、以风定产。先抽后采，就是在采煤前先抽放瓦斯。监测监控，是指对瓦斯要监测监控。以风定产，是要以矿井的供风量来决定产量。十二字方针是防治瓦斯的最基本的生产管理措施，也是防止井下瓦斯积聚的先决条件。

3. 煤矿安全管理十二条红线

凡触碰红线的矿井，一律停工停产整顿，并追究相关人员责任。

（1）矿井风量不足、采掘工作面无风微风作业的。

（2）矿井通风系统不合理不可靠、盲巷管理措施不到位的。

（3）瓦斯超限作业，瓦斯超限、停电停风不撤人或矿井1个月内发生2次及以上瓦斯超限的。

（4）应进行瓦斯抽采矿井未按规定相应建立地面固定瓦斯抽采系统、井下临时瓦斯抽采系统的。

（5）瓦斯抽采不达标仍进行采掘活动的。

（6）突出矿井未制定区域和局部综合防突措施或虽有措施但不落实的。

（7）未按规定及时进行瓦斯等级鉴定或认定的。

（8）矿井安全监测监控系统不能正常运行的。

（9）未进行瓦斯防治能力评估或经评估不具备瓦斯防治能力的煤矿企业，其所属高突矿井仍生产建设的。

（10）未按规定实现双回路供电、使用淘汰不合格电气设备以及电气设备失爆的。

（11）超能力生产、高瓦斯及突出矿井月产量超过矿井核定生产能力 1/12 的。

（12）未按规定提取使用安全费用，导致瓦斯治理工程亏欠的。

4. 爆破作业中的"十二不装药"

（1）采掘工作面的支护落后于作业规程的规定，或者支架有损坏，采煤工作面有伞檐，煤面突出 0.5 m，上下安全出口不畅通，尚未妥善处理时，不准装药。

（2）装药前，爆破工必须检查瓦斯，如果爆破地点附近 20 m 以内风流中瓦斯浓度达到 1% 时，不准装药。

（3）装药前，检查工作面通风情况，如发现风量不足，在未改善通风状况前，不准装药。

（4）在爆破地点 20 m 以内，有未清除的煤、矸，矿车或其他的物体阻塞巷道断面 1/3 以上时，不准装药。

（5）爆破地点有透水、透老空、透火区及瓦斯涌出的异常征兆时，不准装药。

（6）炮眼不规格，明显缩小，有明显压力显现，炮眼内出现裂缝等现象时，不准装药。

（7）炮眼深度、角度、位置不符合作业规程规定时，不准装药。

（8）机器、设备及电缆等未移到安全地点或未采取有效的安全保护措施，不准装药。

（9）迎头正在打眼时，不准装药。

（10）煤层岩层松散，有透老空迹象时，不准装药。

（11）炮眼深度小于 0.6 m 时，不准装药。

（12）自由面爆破最小抵抗线小于 0.3 m、大块岩石爆破最小抵抗线或封泥长度小于 0.3 m，不准装药。

5. 矿山救护队的十二字工作要求

召之即来，来之能战，战之能胜。

第十二章 数字"十五"的术语

1. 十五大安全生产隐患

（1）超能力、超强度或者超定员组织生产。

（2）瓦斯超限作业。

（3）煤与瓦斯突出矿井，未依照规定实施防突措施。

（4）高瓦斯矿井未建立瓦斯抽放系统和监控系统，或者不能够正常运行。

（5）通风系统不完善、不可靠。

（6）有严重水患，未采取有效措施。

（7）超层越界开采。

（8）有冲击地压危险，未采取有效措施。

（9）自然发火严重，未采取有效措施。

（10）使用明令禁止使用或者淘汰的设备、工艺。

（11）煤矿没有双回路供电系统。

（12）新建煤矿边建设边生产，煤矿改扩建期间，在改扩建的区域生产，或者在其他区域的生产超出安全设计规定的范围和规模。

（13）煤矿实行整体承包生产经营后，未重新取得或者及时变更安全生产许可证而从事生产，或者承包方再次转包，以及将井下采掘工作面和井巷维修作业进行劳务承包。

（14）煤矿改制期间，未明确安全生产责任人和安全管理机构，或者在完成改制后，未重新取得或者变更采矿许可证、安全生产许可证和营业执照。

（15）有其他重大安全生产隐患。主要是指省、自治区、直辖市人民政府负责煤矿安全生产监督管理的部门、煤矿安全监察机构，根据实际情况认定的可能造成重大事故的其他重大安全生产隐患。

2. 防倒架的十五项安全措施

为防止悬移支架受横向力冲击导致倾斜甚至倒伏，必须采取以下措施。

（1）跟班区长每人配备一台矿山压力观测仪，每班必须测三次（交接班后测一次，班中测一次，班末一次），每次不得少于工作面支柱的50%，测得的结果一式两份，工区一份，交矿主管部门一份。若前柱低于12 MPa，后柱低于12 MPa，必须立刻组织人员进行二次注液，使支柱达到初撑力；若测得结果出现异常时，必须迅速撤人，并向矿汇报，待查明原因确认安全才可继续施工。

（2）工作面初采、过断层、周期来压、初次来压期间，或煤层倾角变陡的地段，使用金属链将支架联结起来，使工作面支架在倾斜方向上形成一体，并在支架之间的空档里，加打一梁二柱的走向抬棚，以防倒架，还要沿后柱支设抬棚，以防推架。

（3）工作面初采时，开切眼靠老空侧反挂金属网垂到底板，以防采空区煤矸顶出，提高支架的稳定性。

（4）杜绝空顶，用煤电钻向顶部打眼时弄清顶部空顶情况，若空必须用方木、木板装实。

（5）底板松软点柱钻底超过10 cm的区域支柱必须穿鞋，减少支柱下沉量提高支柱的支撑力。

（6）漏液卸载支柱是工作面的一大隐患，必须及时更换。

（7）严格控制开帮高度，避免架前空顶冒顶，造成倒架，若工作面煤壁片帮或断裂时应支设贴帮支柱。

（8）采面顶板破碎压力大，支架变形严重时，可以实行带压移架。

（9）工作面上使用的所有单体支柱都必须使用防倒设施，坏柱梁及时外运，多余支柱必须竖放整齐牢固。

（10）若工作面压力较大，支柱变形严重时，必须将支柱及时改正，并使用单体液压支柱，支柱要有3~5 cm的柱窝，斜撑悬移支架，确保悬移支架的稳定性，防止倒架。

（11）工作面来压，支架变形严重时，应停止放顶煤，确保支架稳定，避免倒架。

（12）分段移架时，必须选在顶板完好、支架牢固的区域，且分段区域不低于12架。

（13）分段移架时，在分段处支架空档里支设长2.4 m的Ⅱ形钢走向板棚，以加强分段区域的支护密度，提高支架稳定性。

（14）因二次汗液支柱变形的，在改柱前先在被改支柱支架顶梁中间打一柱窝，支设一颗单体支柱，升实支牢，再将变形支柱改正升实支牢，而后再将中间支柱撤掉。

（15）控制好下出口几组支架。

第十三章　数字"十六"的术语

1. 瓦斯防治的十六字体系

瓦斯防治的十六字体系是通风可靠、抽采达标、监控有效、管理到位。通风可靠的基本要求是：系统合理、设施完好、风量充足、风流稳定；抽采达标的基本要求是：多措并举、应抽尽抽、抽采平衡、效果达标；监控有效的基本要求是：装备齐全、数据准确、断电可靠、处置迅速；管理到位的基本要求是：责任明确、制度完善、执行有力、监督严格。

2. 防治水的十六字方针

煤矿防治水工作必须坚持"预测预报、有疑必探、先探后掘、先治后采"的原则。

3. 矿山救护十六字基本原则

矿山救护队必须坚持的基本原则是"加强战备、严格训练、主动预防、积极抢救"。

第二部分　煤矿安全知识顺口溜

第一章　入井须知篇

入井前、要吃好，切莫喝酒要记牢；

吃好了、休息好，充沛精力好上好。

防明火、防静电，化纤衣服决不穿；

禁香烟、禁火具，井下安全数第一。

带矿灯、安全帽，自救器械要完好。

锋利具，装护套，班前会议要开好。

入井时，队排好，听从指挥莫乱套。

查装备、查衣袋，检身制度不破坏。

第二章　安全行车与行走篇

乘罐车，乘皮带，抢上抢下要不得；

上下井，听指挥，嬉戏打闹切莫为。

乘罐车，门关好，防护链子要挂劳；

机车上，两箱间，搭乘上下最危险。

装了货，别上人，人货混装要严禁。

开车时，有信号，行车信号要记牢；

车停稳，再上下，上下车辆要守法。

送炸药，运雷管，单独行车保安全。

乘罐车，乘皮带，躺卧瞌睡要不得。

乘候车，稳上下，触摸绳轮最可怕。

巷道行，忌穿道，轨道行走切莫要；

巷道中，带长件，避免触及架空线；

避伤人，车辆近，躲进硐室最省心。

穿大巷，过弯道，交叉路口要看好；

一要停，二要看，三才通过保安全；

穿井底，切莫要，人车同行严禁了。

警示牌，遇栅栏，擅自进入最危险；

爆破前，警戒线，警戒撤后才安全。

禁扒车，禁跳车，严禁乘坐大矿车；

溜子道，危险有，保证安全我不走；

皮带巷，不能钻，钻过跨越有危险。

第三章 灾害防治篇

小瓦斯，害处大，四大危害都可怕。
防瓦斯，要记牢，安全规程少不了；
防积聚，防火源，防止爆炸保安全。
监控器，爱护好，破坏设备要坐牢。
井下风，矿工命，设施完好要保证；
过风门，随手关，防止短路是关键；
风量小，要报告，以便及时修复好。
掘进头，局部风，专人管理处处通；
防瓦斯，防毒气，确保安全靠风机。
工作面，防超限，超限作业属蛮干。
生爆炸，系火花，井下矿灯莫拆打；
禁明刀、禁闸具，严禁带电修电器。
禁明火，防爆炸，严禁吸烟在井下。
涌瓦斯，有征兆，无声有声要记牢。
煤尘炸，最可怕，矿毁人亡危害大；
层注水，湿打眼，冲洗巷帮保安全；
水炮泥，喷洒水，防尘设施不能毁。
顶架响，壁片帮，顶板事故要常防。
顶板落，可预测，确保安全再干活；
一敲帮，二打楔，振动观察少不得。
发火灾，危害重，财产损失伤人命；
瓦斯爆，煤尘炸，危害还会再扩大；
防火灾，任务重，灯泡取暖是禁令；
用电炉，用明火，等于杀人与放火；
电气焊，需批准，擅自作业是杀人；
废机油，烂布头，易燃物品莫乱丢。

火灾初，灭火速，灭火器具要备足；
火势小，莫要跑，灭火知识掌握好；
火势大，莫要慌，戴自救器离现场。
发水灾，有征兆，停下工作快报告；
工作面，变潮湿，顶板滴水煤底鼓；
岩石胀，矿压大，片帮冒顶变支架；
水叫声，煤挂汗，有害气味臭鸡蛋；
煤挂红，顶淋水，水灾大时把矿毁。
探放水，防灾害，加强支护筹避灾；
查瓦斯，看信号，避灾路线要记牢；
钻进中，遇异常，切莫拨杆水擅放；
汇报后，情报急，撤出现场要立即。
炸药炸，有火焰，防范不当最危险；
发爆器，水炮泥，一炮三检是前提；
瓦斯超，禁装药，严禁明火明插销；
堵炮眼，用封泥，煤粉堵眼决不许。

第四章　紧　急　避　灾　篇

自我救，相互救，避灾路线要记熟。

遇事故，快报警，获救时间分秒争。

避灾中，切莫惊，遵守纪律忌独行。

迎风流，看标记，选择进风口撤离。

离灾区，有困难，暂避快进安全点；

敲铁轨，留标记，求救信号发出去；

先复苏，后搬运，抢救窒息慎又慎；

后搬运，先止血，出血伤员怕流血；

后搬运，先固定，骨折伤员莫乱动。

瓦斯爆，煤尘炸，背向震动脸朝下；

湿毛巾，捂口鼻，最怕吸入有毒气；

快戴好，自救器，顶板坚固水处避；

遇火灾，快酌情，能救则救切莫惊；

遇水灾，快避开，躲避水头是要诀；

煤瓦斯，突出时，戴自救器进硐室。

第五章　权利与义务篇

煤矿工，权利大，依法维权咱怕啥？
建议权，监督权，安全生产知情权。
上岗前，培训权，违章指挥抵制权。
拒冒险，拒违章，安全生产有保障。
遇危机，离现场，紧急避险理正当。
遵纪律，守规章，矿工义务心中装。
爱设备，爱设施，安全用品我防护。
报险情，抗灾害，有了灾情我救灾。
伤害时，求赔偿，社会保险享工伤。
你违规，我制止，严禁打击和报复。
保安全，五十条，矿工时时要记牢。
一须知，二乘车，行走安全跟上来。
三防灾，四避灾，防灾避灾有要诀。
五权利，六义务，权利义务记胸怀。

第三部分　安全管理三字经

第一章　入井人员三字经

要下井	有人领	烟和火	禁随行
化纤衣	不能穿	入井前	酒不沾
安全帽	要戴好	自救器	不能少
大巷走	多留神	防机车	不撞人
扒蹬跳	不能干	盲巷里	莫乱钻
过风门	要知道	开一道	关一道
同打开	风跑了	被抓住	定不饶
要干活	审顶板	空顶下	不要站
见电器	不要摸	井下水	不能喝
斜坡道	过车多	红灯亮	快点躲
要行人	不开车	高兴下	平安上

第二章 值班安全责任制三字经

值班人	要牢记	包安全	包纪律
接班前	下井看	心有数	不蛮干
要严人	先律己	不喝酒	讲道理
忠职守	出问题	追责任	是自己
一罚款	二撤职	不光荣	还可耻
三字经	经常念	抓安全	当模范
班组长	切注意	对要求	要牢记
撞好钟	念好经	抓安全	不放松
当班长	想一想	大责任	在肩上
把安全	看成天	不安全	不生产
管好线	抓好片	质量好	多挣钱
按规矩	去办事	不违章	不违纪
马里虎	出事故	一罚款	二敲碗

第三章　区队长安全三字经

区队长　在一线　第一责　管安全
第二责　是生产　规与章　先学懂
教工人　身先行　瞎指挥　可不中
危险处　要跟班　现场看　心才安
抓质量　是根本　达了标　安全牢
抓培训　很重要　素质高　安全好
先要命　再要钱　这关系　别弄反
工人命　干部管　出了事　紧相连
愿大家　都平安　挣大钱　当模范

第四章　安检员三字经

安检员	责任大	抓重点	在井下
反三违	抓违章	不讲情	坚如钢
掘进头	工作面	放专人	管好片
抓瓦斯	手不软	抓质量	不护短
见隐患	立即停	处理好	再放行
坐躺卧	三种人	教育好	触灵魂
勤检查	不偷懒	大胆抓	大胆管
无工伤	无事故	宁听骂	不听哭
过风门	要知道	开一道	关一道
同打开	风跑了	被抓住	定不饶

参 考 文 献

[1] 王永安，李永怀. 矿井通风［M］. 北京：煤炭工业出版社，2005.

[2] 常现联，冯拥军. 煤矿安全［M］. 北京：煤炭工业出版社，2009.

[3] 徐永圻，何其敏. 采矿学［M］. 徐州：中国矿业大学出版社，2010.

[4] 张铁岗. 矿井瓦斯综合治理技术［M］. 北京：煤炭工业出版社，2005.

[5] 张光德. 矿井水灾防治［M］. 徐州：中国矿业大学出版社，2010.

[6] 王家廉. 煤矿安全知识手册［M］. 徐州：中国矿业大学出版社，2001.

[7] 徐永圻. 煤矿开采学［M］. 徐州：中国矿业大学出版社社，2008.

[8] 钱鸣高，石平五. 矿山压力及其岩层控制［M］. 徐州：中国矿业大学出版社，2005.

[9] 隋鹏程. 安全原理［M］. 北京：化学工业出版社，2010.

[10] 于尔铁. 选煤厂工人必读［M］. 北京：煤炭工业出版社，1995.

[11] 何国益. 矿井瓦斯治理实用技术［M］. 徐州：中国矿业大学出版社，2010.

[12] 张国枢. 通风安全学［M］. 北京：煤炭工业出版社，1998.

[13] 王大纯，张人权. 水文地质学基础［M］. 北京：地质出版社，1995.

[14] 洪晓华，陈军. 矿井运输提升［M］. 徐州：中国矿业大学出版社，2005.

[15] 沈明荣，陈建峰. 岩石力学［M］. 上海：同济大学出版社，2006.

[16] 杜计平，汪理全. 煤矿特殊开采方法［M］. 徐州：中国矿业大学出版社，2003.

[17] 靳建伟，吕智海. 煤矿安全［M］. 北京：煤炭工业出版社，2005.

[18] 张世雄. 固体矿物资源开发工程［M］. 武汉：武汉理工大学出版社，2005.

[19] 高井祥. 测量学［M］. 徐州：中国矿业大学出版社，2004.

[20] 朱泗芳，徐绍军. 工程制图［M］. 北京：高等教育出版社，1983.

[21] 杨孟达. 煤矿地质学［M］. 北京：煤炭工业出版社，2000.

[22] 马同禄，郭秀欣. 煤炭企业区队管理［M］. 济南：山东科学技术出版社，2002.

[23] 赖昌干. 矿山电工学［M］. 北京：煤炭工业出版社，2006.

[24] 东兆星，吴士良. 井巷工程［M］. 徐州：中国矿业大学出版社，2004.

[25] 王启广，黄嘉兴. 液压传动与采掘机械［M］. 徐州：中国矿业大学出版社，2005.